Jean Fernel,
premier physiologiste de la Renaissance

Collection Histoire des sciences/Adapt
dirigée par Philippe Fauvernier

Adapt-Snes Éditions
46, avenue d'Ivry, 75647 Paris Cedex 13
www.adapt.snes.edu

www.editions-hermann.fr

Illustration de couverture :
Portrait de Jean Fernel médecin (estampe du XVIe siècle).

ISBN Hermann : 978 2 7056 9184 4
ISBN Adapt : 978 2 3565 6050 6

Paul Mazliak

Jean Fernel,
premier physiologiste de la Renaissance

ADAPT snes
ADAPT • Éditions

hermann
Depuis 1876

Figure 1. Portrait de Jean Fernel (lithographie de Godefroy Engelmann).

Introduction

Jean Fernel, né en 1497 à Montdidier dans la Somme, mort en 1558, à Fontainebleau, peut être considéré comme le plus grand médecin français de la Renaissance (figure 1). Pour bien mettre en valeur l'importance de son approche rationnelle de la physiologie et de la médecine, il nous paraît nécessaire de caractériser brièvement les courants intellectuels traversant, dans toute l'Europe chrétienne, l'époque complexe s'étendant du XIIIe au XVIe siècle.

Pour beaucoup d'historiens et pendant longtemps, la Renaissance des XVe et XVIe siècles, en Europe, a d'abord été une période de résurrection des lettres et des arts, grâce à la redécouverte des textes des grands penseurs (philosophes, historiens et poètes) de l'Antiquité ou bien grâce à la mise à jour de quelques chefs-d'œuvre de la statuaire grecque ou romaine. La Renaissance, dans l'esprit de beaucoup d'écrivains, fut une période de jeunesse, de dynamisme, de volonté de renouveau.

> À côté de l'éducateur religieux, s'avance l'éducateur intellectuel, à côté de l'Église se dresse la science. [...] Une nouvelle humanité est née qui met autant de ferveur dans ses recherches et ses méditations que l'ancienne dans ses croyances et ses prières[1].

On considère cependant aujourd'hui que l'esprit nouveau de la Renaissance naquit tout autant des grandes découvertes et des progrès techniques réalisés en Europe à la fin du Moyen Âge que par suite du retour à l'Antique. Les grands navigateurs de la fin du XVe siècle atteignent le cap de Bonne-Espérance et le continent américain. De 1519 à 1522, Magellan, pour la première fois fait le tour du monde. Les courses effrénées à la recherche de l'or des Amériques conduisent à la confection des premières mappemondes, puis à l'exploration du « cosmos ». La fin de la période médiévale, en Europe, est marquée par l'invention de l'imprimerie, la diffusion élargie de la nouvelle culture. Sont également des inventions de ce temps : la mise au point de l'horloge mécanique, le perfectionnement de l'artillerie ; l'élaboration

---

1. Stefan Zweig, *Érasme. Grandeur et décadence d'une idée*, Paris, Grasset, 1935, p. 31.

de nouveaux procédés comptables, l'apparition de la lettre de change, favorisent énormément les échanges marchands.

Les érudits du XVIe siècle étaient conscients, pour la plupart, de tous ces bouleversements culturels et techniques. Dans la préface d'un ouvrage qu'il écrivait aux alentours de 1542, en parallèle à ses grands traités médicaux, le médecin français Jean Fernel déclarait, de manière quelque peu emphatique :

> Le monde s'est mis à naviguer en rond, le plus grand des continents de la terre a été découvert, la boussole a été inventée, la presse à imprimerie a sauvé le savoir, la poudre à canon a révolutionné l'art de la guerre, les anciens manuscrits ont été sauvés et la restauration de l'enseignement porte témoignage du triomphe d'un Nouvel Âge[2].

Ce dynamisme général de la Renaissance a cependant mis beaucoup de temps à gagner la pensée scientifique. Les commentaires de textes anciens, base de l'enseignement scolastique dans les anciens collèges et les premières universités, ont longtemps résisté à toute autre approche pour étudier la nature. Le monde géocentrique de Ptolémée, par exemple, n'a été que très lentement remis en question, au XVIe siècle seulement, par les observations astronomiques de Copernic (1473-1543) et de Tycho Brahe (1546-1601). Les progrès de la pensée rationaliste semblent, en outre, avoir été longtemps étouffés par la persistance des grands courants irrationnels de la pensée médiévale : en pleine Renaissance, l'astrologie ne se distingue pas de l'astronomie ; l'alchimie, héritée de la civilisation arabe, bien que truffée de considérations ésotériques, est la seule méthode quelque peu expérimentale connue à l'époque pour aborder l'étude des matières minérales et organiques[3]. Ces pensées pseudo-scientifiques entraînent avec elles tout un cortège de superstitions, de prophéties, de divinations, de croyances aux pouvoirs maléfiques des démons, de sorcelleries, toutes affabulations qui restent dominantes dans le paysage intellectuel de cette époque.

Les médecins utilisant les prédictions astrologiques dans leurs pronostics étaient particulièrement nombreux à la Renaissance et les plus célèbres personnalités du monde médical ou savant de l'époque les recommandaient. Parmi les partisans convaincus de la validité

---

2. Jean Fernel, Préface aux *Causes cachées de choses*. Traduction de l'auteur à partir de la traduction anglaise, *On the hidden causes of things*, citée dans la bibliographie.
3. Bernard Joly, *Histoire de l'alchimie*, Paris, Vuibert/Adapt, 2013.

des prévisions astrologiques, on peut citer, au XVe siècle, Marsilio Ficino de Florence (1433-1499), philosophe influent, traducteur de Platon en latin, puis au XVIe siècle, Leoniceus de Padoue (1428-1524), éditeur de l'*Histoire Naturelle* de Pline, Jérôme Cardan de Milan (1501-1576), médecin et mathématicien, ami de Jean Fernel, Jérôme Frascator de Vérone (1478-1553), qui étudia les maladies infectieuses et la syphilis, Laurent Joubert (1529-1582), doyen de la faculté de médecine de Montpellier et bien d'autres encore. Aux superstitions s'ajoute la « magie naturelle », la considération de phénomènes de la nature, comme le magnétisme, totalement inexplicables par la science de l'époque. Dès lors, il n'est pas étonnant que les médecins médiévaux aient tenté de provoquer des guérisons par des procédés magiques ou en recommandant aux patients de porter certaines pierres ou d'autres amulettes.

La pensée rationnelle mettra beaucoup de temps, plusieurs siècles, à se dégager des superstitions de cette époque. D'autant plus qu'à la fin du Moyen Âge une conjonction de malheurs s'abattit sur l'Europe, entre 1320 et 1450 : disettes, épidémies, peste noire, guerres multiples, grande avancée guerrière des Turcs en Europe orientale. La civilisation européenne réussit à surmonter ces épreuves, mais au prix de lourds sacrifices. Les grands malheurs du temps, devant lesquels prêtres et médecins étaient totalement désarmés, ont évidemment favorisé les nombreuses superstitions très vivantes dans de larges couches des populations rurales et citadines. L'Église fit plusieurs tentatives pour restreindre l'influence de l'astrologie, mais supprimer ces croyances largement répandues dans le monde savant se révéla impossible pour les autorités ecclésiastiques de l'époque. Les grands princes, les prélats importants, les riches marchands, avaient tous un conseiller astrologue pour les guider dans leurs entreprises, leur indiquer les « moments favorables » pour prendre leurs décisions.

La médecine de la Renaissance a dû réaliser des efforts considérables pour s'arracher à la domination des pensées irrationnelles. Les docteurs en médecine, les magiciens et les alchimistes portaient tous la même robe longue depuis le Moyen Âge, ce qui contribuait beaucoup à rapprocher leurs activités dans l'imagination populaire. Dans la mesure où leur santé ou leur vie étaient menacées par nombre de maladies, de blessures (de guerre ou autres) d'empoisonnements dus aux mauvaises nourritures, au manque d'hygiène, aux déficits nutritionnels de toute nature, les hommes et femmes du Moyen Âge et de la Renaissance furent évidemment très réceptifs aux prophéties arbitraires des principales « sciences » ésotériques : astrologie, alchimie, magie, sources de charlataneries très répandues. À cette époque d'ailleurs, l'astrologie faisait souvent partie de l'enseignement médical et l'alchimie se confondait souvent avec la pharmacologie.

Pour la prévision du déroulement ou de l'issue des maladies, c'est-à-dire pour le « pronostic » dans la médecine médiévale, deux grands courants très différents semblent guider les déclarations des médecins : le premier, totalement irrationnel, est un courant prophétique, divinatoire, reposant essentiellement sur l'astrologie. Le second courant, s'appuyant sur la lecture et le commentaire des grands textes médicaux de l'Antiquité (ceux d'Hippocrate et de Galien) ou sur la lecture de quelques textes des grands médecins de l'Islam (*Le Canon de la médecine* d'Avicenne, principalement), tente de formuler des pronostics fondés sur des connaissances mieux établies. En particulier, les médecins inspirés par ce second courant de pensée, s'efforcent d'établir la médecine, les diagnostics et les pronostics, sur l'étude du fonctionnement de l'organisme de l'homme sain. Les maladies se réduisent alors, aussi rationnellement qu'il est possible avec les connaissances de l'époque, à des altérations de la physiologie normale de l'organisme humain. Voici quelques exemples pour illustrer les deux courants distincts qui traversent souterrainement la médecine médiévale, telle qu'elle arrive à la Renaissance.

1. La médecine du Moyen Âge accordait une grande importance à l'examen de l'urine du malade. La limpidité ainsi que la couleur de l'urine (déterminée à l'aide d'un nuancier) donnaient au médecin, qui goûtait parfois le liquide, beaucoup d'indications sur la nature de la maladie. Au XIIIe siècle, Guillaume l'Anglais, médecin anglais établi à Marseille, expose, dans un traité de 1219, intitulé de façon presque provocante, *De urina non visa* (*De l'urine, sans la voir*), comment l'horoscope astrologique d'un patient permet de déduire son état de santé sans qu'il soit besoin d'examiner son urine.

> Mais le médecin, dont la plus grande partie du jugement réside dans des objets soumis aux sens, se donne, pour premières, certaines de ces causes intermédiaires, telles que les complexions, les humeurs, le temps et autres du même genre. L'astrologue, pour sa part, en accédant à des causes moins usuelles et plus propres, parce qu'agissantes, telles que l'état et la disposition présente aussi bien des signes que des étoiles, sonde les complexions particulières des choses à toute heure. Et de même que le médecin, grâce à ces signes que sont l'urine, le crachat et l'apparence extérieure, et d'autres choses du même type,

> conjecture sur la cause et donne un pronostic sur l'effet, de manière semblable, l'astrologue, par une cause motrice, anticipe naturellement sur l'effet par une prévision conjecturale. Il s'en suit que sa conjecture est de loin la plus digne, car elle n'a pas besoin de la présence de la matière qui lui est soumise, alors qu'il faut que le médecin touche ou voie le sujet autour duquel il opère. C'est pour cette raison que les anciens Égyptiens, comme l'atteste Ptolémée dans son *Quadripartitum*, ont ajouté la science des astres au savoir médical, afin d'atteindre une fin plus sûre dans leur ouvrage en suivant les deux voies[4].

Et voici comment, pour Guillaume l'Anglais, on pouvait parfaitement prévoir l'état de l'urine, sans l'examiner, d'après les signes astrologiques correspondant au patient au moment de l'examen. La conjoncture astrale permettait au médecin-astrologue de formuler diagnostic et pronostic.

> Et je dis de la même manière que l'urine était moyennement épaisse en consistance, à cause de la commixtion de Mars avec l'ascendant et à cause de la présence du Lion dans le lieu du foie, et puisque Mars est ici corrupteur et regarde mieux le Bélier que le Scorpion, je dis que la chaleur et la sécheresse de la tête étaient la cause de la maladie. Et comme Mars domine la quatrième maison, qui signifie la poitrine et le poumon et tout ce qui lèse intérieurement la poitrine, je dis qu'il souffrait dans la région du poumon et comme c'est le propre de Mars de signifier rupture des veines et effusion de sang, je dis que le patient crachait du sang. Je trouvai derechef que Vénus entrait dans les rayons du Soleil et était brûlée par le Soleil ; aussi je dis qu'il allait mourir sous deux mois et huit jours et c'est ce qui arriva. Et je l'avais en cure avec d'autres, et il était hémoptysique et phtisique[5].

D'après certains témoignages, l'ouvrage de Guillaume l'Anglais était toujours consulté à l'université de Bologne, au début du XVe siècle.

2. Ce courant de pensée astrologique, prophétique et divinatoire était encore bien représenté au XVIe siècle, en pleine Renaissance. Auréole Théophraste Paracelse Bombast de Hohenheim, dit Paracelse, exerça la médecine et la chirurgie à Bâle, puis enseigna la médecine à l'université de cette ville ; il vécut de 1493 à 1541, c'est-à-dire qu'il fut exactement contemporain de Jean Fernel. Dans ses ouvrages,

---

4. Laurence Moulinier-Brogi, *Guillaume l'Anglais, le frondeur de l'urologie médiévale (XIIIe siècle)*, édition commentée et traduction de *De urina non visa*, Genève, Droz, 2011.

5. *Ibid.*, chapitre IX.

il mêlait l'alchimie, la philosophie, la magie et l'astrologie, ce qui lui permettait de ne pas se soumettre aveuglément à la pensée d'Aristote par exemple. Il méprisait la dissection, « cette méthode de paysan », et prétendait remplacer l'observation par la divination et l'imagination. Il affirme ainsi dans ses œuvres que la lune règle le fonctionnement du cerveau, Saturne celui de la rate, tandis que Vénus régit les reins, Jupiter le foie et Mars, la bile. L'influence de Paracelse fut grande au XVIe siècle et ses travaux en chimie[6] ont fait autorité pendant quelque temps. Ce qui frappe dans la pensée confuse de ce « savant », ce sont les rapprochements constants qu'il effectue entre les astres du cosmos (le « macrocosme ») et les parties du corps humain (le « microcosme »). À l'époque où l'astrologie est universellement reconnue comme une science, l'explication d'un changement dans le fonctionnement d'un organe par une influence astrale paraît une donnée scientifique. Le raisonnement consiste à rapprocher, à imaginer des « caractères communs » aux astres et aux organes ; tout cela est illusoire, mais ainsi fonctionnait la biologie pour beaucoup de médecins du XVIe siècle. Il faut ajouter cependant que, pour Paracelse, Dieu avait donné aux hommes le libre-arbitre et le pouvoir de s'opposer aux décrets astrologiques de la Providence.

Face à ce fort courant astrologique, magique et divinatoire, voyons comment s'expriment les tenants du courant plus « rationaliste » de la médecine. Ils se réfèrent d'abord aux grands médecins grecs de l'Antiquité : Hippocrate et Galien, dont les principaux textes avaient été redécouverts à la fin du Moyen Âge. Voici ce qu'écrivait Hippocrate, médecin du quatrième siècle avant notre ère, dans son traité *De la maladie sacrée*, c'est-à-dire l'épilepsie.

> Voici ce qu'il en est de la maladie sacrée : elle me paraît n'avoir rien de plus divin ni de plus sacré que les autres, mais la nature et la source en sont les mêmes que pour les autres maladies. [...] Ceux qui, les premiers, ont sanctifié cette maladie furent à mon avis ce que sont aujourd'hui les mages, les expiateurs, les charlatans, les imposteurs, tous gens qui prennent des semblants de piété et de science supérieure. Jetant donc la divinité comme un manteau et un prétexte pour abriter leur impuissance à procurer quelque chose d'utile,

6. Claude Lécaille, *L'aventure de la chimie jusqu'à Lavoisier*, Paris, Vuibert/Adapt, 2004.

ces gens, afin que leur ignorance ne devînt pas manifeste, prétendirent que cette maladie était sacrée[7].

C'est cependant Claude Galien, le médecin philosophe du deuxième siècle de notre ère, qui sera l'autorité « rationaliste » la plus souvent invoquée par les médecins « raisonnables » de la Renaissance. Comme nous évoquerons plusieurs fois les œuvres de Galien en présentant les travaux de Jean Fernel, nous citerons seulement cet extrait de son ouvrage, *Des Facultés Naturelles*, pour rendre compte de l'esprit dans lequel a travaillé le médecin de Pergame :

> Quiconque veut avoir des connaissances plus étendues que le vulgaire, doit être supérieur, non seulement par l'intelligence naturelle, mais encore par l'instruction première. Devenu jeune homme et comme inspiré par le ciel, il s'éprendra d'un violent amour de la vérité ; nuit et jour il entretiendra son ardeur et son zèle à étudier les écrits anciens les plus illustres. Ces écrits connus, il vérifiera, par une longue expérience [pratique], les observations qui y sont contenues, considérant celles qui s'accordent avec les faits évidents, celles qui s'en écartent : et alors il adoptera les unes et rejettera les autres[8].

La lutte contre les magiciens et les charlatans en médecine a été, en général, appuyée par l'Église au cours du Moyen Âge. Ainsi le Père de l'Église, Saint Augustin, déclarait dès le quatrième siècle de notre ère :

> Or, parce qu'un médecin prévoit ce qui échappe à la prévision d'un profane en cet art, il ne s'en suit pas qu'on doive le considérer comme divin. Quoi d'étonnant si, de même que le médecin prévoit les états de santé à venir d'après les sautes ou modifications du tempérament d'un corps humain, un démon connaît à l'avance les perturbations à venir grâce à des connaissances climatiques inconnues de nous[9] ?

Cette déclaration de l'évêque d'Hippone montre que si l'Église reconnaissait l'existence des démons, inspirés par Satan, elle ne conférait cependant aucun pouvoir démoniaque au médecin. Comme Hippocrate

---

7. Hippocrate, *De la maladie sacrée*, in *Connaître, soigner, aimer*, présentation de Jean Salem, Paris, Le Seuil, 1999.

8. Claude Galien, *Des facultés naturelles*, X, in *Œuvres médicales choisies*, tome II, Paris, Gallimard, 1994.

9. Saint Augustin, *De divinatione daemonum*, in *Œuvres de Saint Augustin*, tome X, Paris, P. Migne, 1869.

l'avait recommandé, le médecin devait partir de ses connaissances et de ses observations sur le patient pour soigner et pronostiquer le développement de sa maladie.

Au XIIIe siècle, à la fin du Moyen Âge, le professeur de logique et de médecine à l'université de Bologne, Taddeo Alderotti (1215-1295), montre comment le médecin, suivant le *Canon de la médecine* d'Avicenne, prévoit l'évolution des maladies sans faire appel aux considérations astrologiques :

> Il détermine quelle maladie se termine à quel jour critique, à partir de la diversité qui existe dans les maladies à propos de leur maximum, disant que certaines maladies sont aiguës, et que d'autres sont chroniques. Et certaines des aiguës sont vraiment aiguës et certaines sont aiguës simplement et certaines sont aiguës et longues. Les vraiment aiguës se terminent au 7e jour, les aiguës simplement au 14e ou au 20e jour, et les aiguës longues se terminent au 40e. Au-delà du 40e jour ce sont les maladies chroniques, et en elles la crise se fait comme dans les maladies chroniques[10].

Dans son enseignement à l'université de Bologne, Taddeo Alderotti utilisait les textes anciens d'Hippocrate, de Galien ou d'Avicenne. Il eut comme élève Gentile da Foligno (1280-1348), professeur à l'université de Sienne et commentateur des textes d'Avicenne, de Galien ou d'Hippocrate. Dans un traité du XVIe siècle consacré à la différence des pronostics des maladies aiguës ou chroniques (*De differentia pronosticationis in morbis chronicis et acutis*), il expose les méthodes de prévision du développement des maladies sans recourir à aucune donnée magique ou astrologique :

> Si l'on compare les maladies aiguës aux maladies chroniques, nous disons qu'au début des maladies aiguës le pronostic de salut et de mort est certain. [...] Mais dans les maladies chroniques, le pronostic de salut et de mort est incertain au début, et de ce fait Hippocrate dit que pour les maladies dont la détermination est lente, les éléments de pronostic au début sont cachés, donc incertains. Et la raison en est l'opposée de celle donnée pour les maladies aiguës au début, car les maladies chroniques sont des matières froides, épaisses, visqueuses, ne frappant pas la vertu [c'est-à-dire les bonnes dispositions physiques] au départ avec une grande force, n'étant pas violemment agitées

10. Taddeo Alderotti, *Commentaire du Canon de la médecine*, IV, 2, manuscrit (voir la bibliographie).

> et n'étant pas frappées par la vertu parce que s'il en était ainsi ce ne seraient pas des maladies chroniques. Les combats dans les maladies chroniques sont donc légers, assoupis, paresseux, ou égaux, et pour cela on ne peut pas connaître au début la supériorité de la vertu sur la maladie, ou l'inverse[11].

Ce texte de Gentile da Foligno illustre parfaitement la démarche des médecins « rationalistes » du début de la Renaissance : faisant appel à la logique, celle d'Aristote essentiellement, ils s'efforcent de comprendre, avec leur seule intelligence, les causes et le développement probable des maladies. Chez ces médecins formés dans les universités, respectueux des textes sacrés de l'Église, on ne décèle aucun recours à la magie, à la divination, aux prophéties astrologiques.

Au début du XVIe siècle, en France, Jean Fernel fut le plus illustre de ces médecins se rattachant nettement au courant rationaliste issu de la médecine grecque ancienne, représentée en premier lieu par Galien[12].

---

11. Traduction de Joël Chandelier (Séminaire ENS, 19 mai 2014).

12. Voir Paul Mazliak, *La naissance de la biologie dans les civilisations de l'Antiquité*, Paris, Vuibert/Adapt, 2007.

I

Brève biographie du médecin rationaliste Jean Fernel (1497-1558)

Jean Fernel est considéré par les historiens comme le médecin français le plus important de la Renaissance, d'une part par l'ampleur et le grand retentissement de ses publications : ses *Œuvres médicales complètes* (*Medicina* de 1554 et *Universa Medicina* de 1567, voir la bibliographie), initialement publiées en latin, eurent en effet, selon l'historien des sciences Jacques Roger[13], 97 éditions ou traductions à travers toute l'Europe, de 1554 à 1680, sans parler des éditions partielles. D'autre part, Jean Fernel fut sans doute, à la Renaissance, le représentant le plus décidé de la tradition rationaliste en médecine ; les doctrines médicales développées dans ses œuvres s'appuient, en premier lieu, sur les textes classiques de la médecine grecque antique, notamment ceux d'Hippocrate et de Galien.

Nous verrons que le jeune Fernel s'est progressivement – et presque totalement – libéré de l'emprise que les « sciences occultes » (magie, astrologie, alchimie) exerçaient encore sur la médecine de la Renaissance.

On lui reconnaît par ailleurs le grand mérite d'avoir imposé le terme « *physiologie* » pour désigner le fonctionnement de l'organisme sain ; le nom de la discipline ainsi mis en avant par Jean Fernel, dans sa *Medicina* de 1554, s'est imposé dans les sciences biologiques et subsiste encore aujourd'hui avec la même signification que celle que lui avait donnée le médecin du XVIe siècle. Avant Fernel, les auteurs anciens, comme Aristote, désignaient par « physiologie » l'étude de la nature, en général.

La meilleure source historique pour étudier la vie de Jean Fernel est une *Vita Fernelii* (*La vie de Fernel*) publiée pour la première fois en latin, en 1607, par Guillaume Plancy avec la sixième édition de l'*Universa*

13. Jacques Roger, *Jean Fernel et les problèmes de la médecine de la Renaissance*, Conférence au Palais de la Découverte, 1960.

Medicina (*La Médecine universelle*). Guillaume Plancy (1514-1568) était un jeune médecin, compagnon de chambre de Jean Fernel, à Paris, de 1548 à 1558, c'est-à-dire pendant la période où ce dernier rédigeait sa *Medicina* parue en 1554. Guillaume Plancy partageait toutes les idées de son compagnon sur la nécessaire approche rationnelle de la médecine. Une traduction anglaise de la *Vita Fernelii* a été fournie en 1946 par Charles Sherrington en annexe de son ouvrage *The endeavour of Jean Fernel*[14] (*L'entreprise de Jean Fernel*).

I. ENFANCE ET PREMIÈRES ÉTUDES

Jean Fernel (en latin *Joannes Fernelius*) est né à Montdidier, en Picardie, en 1497. Comme Montdidier est une commune proche d'Amiens, capitale de la Picardie, et que son père était originaire de cette ville, Jean Fernel signa ses œuvres du nom de *Joannes Fernelius Ambianus* (Jean Fernel d'Amiens). Le père de Jean Fernel était initialement fourreur (« pelletier » disait-on à l'époque). Il quitta ensuite ce métier pour tenir une auberge. Quand Fernel eut 12 ans, la famille déménagea à Clermont en Beauvaisis (ou Clermont-sur-Oise), commune également peu distante d'Amiens. À Clermont, le jeune Fernel reçut les leçons d'un « maître de grammaire ». Cependant sa mère souhaitait qu'il interrompe ses études et qu'il vienne aider sa famille à tenir l'auberge. D'après Guillaume Plancy, Jean Fernel, passionné par les lettres classiques, supplia son père de le laisser partir pour Paris, afin d'y étudier la rhétorique et la philosophie. Son père accéda à son désir et voilà donc, en 1516, le jeune homme de 19 ans à Paris.

Étudiant sérieux, il prépara le diplôme de Maître ès Arts au Collège Sainte-Barbe de l'université de Paris. Il obtint brillamment son diplôme en 1519, à 22 ans. Impressionnés par son talent, sa culture et ses grandes capacités, les dirigeants du Collège lui offrent un poste (et un « salaire exceptionnel » selon Guillaume Plancy) pour enseigner la « dialectique ». Il déclina cette offre parce qu'il voulait se consacrer plus profondément à l'étude des grands textes de Cicéron, Aristote et Platon.

> Ce refus d'enseigner la dialectique, qui était la reine des disciplines classiques, écrit Jacques Roger[15], s'explique aisément à cette date. Dans le Paris de 1519,

14. Charles S. Sherrington, *The endeavour of Jean Fernel*, Cambridge, Cambridge University Press, 1946.

15. Jacques Roger, *op. cit.*

> l'humanisme s'attaque violemment à toutes les formes traditionnelles de la pensée, du savoir et de l'enseignement. Érasme et Guillaume Budé sont les maîtres des esprits novateurs. [...] Cicéron devient le rival triomphant de Saint Thomas d'Aquin. La dialectique est détrônée par la grammaire et la rhétorique.

Pour Guillaume Plancy, l'université de Paris, à cette époque, représentait « le royaume de la barbarie ». Quittant donc l'enseignement universitaire, Jean Fernel se mit à étudier seul, avec beaucoup d'application, en menant une vie d'ascète. Pour améliorer son latin, il lut avidement les œuvres de Cicéron et celles de Celsus. Pour approfondir ses connaissances en philosophie, il lut les œuvres de Platon, récemment traduites en latin par l'humaniste italien Marsilio Ficino (1433-1499) et publiées à Florence ou à Venise vers 1491-1492. Nombre de livres d'auteurs anciens venaient aussi d'être republiés à cette époque par de nouveaux éditeurs parisiens (les frères Estienne, Simon de Colines), s'inscrivant tous délibérément dans le grand mouvement humaniste de la Renaissance.

Jean Fernel voulut aussi approfondir ses connaissances dans d'autres domaines que les lettres et la philosophie. Par exemple, selon Guillaume Plancy, il se sentait ignorant en mathématiques ou en « philosophie naturelle » ; cette discipline « philosophique » (rattachée à l'enseignement de la philosophie) abordait, en vérité, quelques premiers éléments de physique ou de « sciences naturelles ». Fernel s'organisa donc un très strict programme de travail : le matin était consacré à l'étude de l'arithmétique ainsi qu'à d'autres parties des mathématiques ; durant l'après-midi, le jeune Fernel se plongeait dans la « philosophie naturelle » ; après le repas du soir, il revenait aux textes classiques latins, pour purifier son propre style de tout barbarisme.

Ce dur régime de travail rendit Fernel malade : il souffrit assez cruellement, à cette époque, d'une « fièvre quarte » qui l'obligea, en 1524, à interrompre ses études pendant quelque temps et à se rendre à la campagne pour y respirer un meilleur air qu'à Paris et guérir de sa maladie.

Quand il revint dans la capitale, ses parents lui déclarèrent qu'ils ne pouvaient continuer à subvenir à ses besoins et qu'il devait choisir une profession. Il eut alors beaucoup d'entretiens avec ses amis, étudiants comme lui, pour déterminer dans quelle carrière professionnelle il devait s'engager. Ses amis lui recommandèrent de choisir une carrière juridique, mais il jugea qu'il n'avait pas assez d'entregent ni de relations dans les milieux du droit pour s'engager dans cette voie. La théologie et la prêtrise ne l'attiraient pas d'avantage que la magistrature. Il choisit finalement de devenir médecin. Ce choix relativement tardif (il avait alors 27 ans) permet à Jacques Roger de dire, qu'en parfait homme de la Renaissance, « Fernel est un humaniste qui est devenu médecin ».

II. PUBLICATIONS MATHÉMATIQUES

Il suivit, sans précipitation, le cursus classique des études de médecine, réparti sur quatre années à l'université de Paris, et il prit, pour gagner sa vie, un poste de « régent » (enseignant) de philosophie au Collège Sainte-Barbe où il avait lui-même étudié auparavant.

Pendant la période où il enseignait la philosophie d'Aristote aux étudiants du Collège Sainte-Barbe, il fit paraître les trois petits ouvrages de mathématiques suivants :

- le *Monalosphaerium* publié à Paris, en 1527, par Simon de Colines, constitue une petite étude de la sphère terrestre et présente la description d'un astrolabe de conception originale ;
- la *Cosmotheoria* publiée à Paris, en 1528, par Simon Colines. Cette théorie décrit la forme et les dimensions de la Terre et contient la description de la mesure d'un arc de méridien terrestre d'un degré, réalisé par Jean Fernel entre Paris et Amiens ;
- *De proportionibus*, également publié à Paris, en 1528, par Simon Colines, est un bref exposé du calcul des fractions.

III. FERNEL MÉDECIN

Cependant, à côté de ses activités engagées pour gagner sa vie, Jean Fernel (figure 2) s'est lancé sérieusement dans son cursus d'études médicales : en 1530 (à 33 ans) il obtient son doctorat en médecine.

Fernel se marie à cette époque avec Madeleine Tournebulle, fille d'un conseiller au Parlement de Paris, une position importante dans la société parisienne. Jean Fernel eut deux filles avec Madeleine et son beau-père exigea que, pour subvenir aux besoins de sa famille, il abandonne ses études mathématiques et la fabrication d'astrolabes qui lui coûtaient beaucoup d'argent, et qu'il exerce sa profession de médecin. En 1534, Jean Fernel décide alors de s'établir médecin à Paris.

Il ne pouvait se contenter de la pratique routinière de son métier. Dès 1536, il prend, en sus de ses consultations, un poste de professeur de médecine au Collège de Cornouailles, à Paris. Il commente, dans ses cours, les œuvres d'Hippocrate, de Galien et d'Avicenne, devant un auditoire chaque année plus nombreux. En six années d'enseignement, il acquit une grande réputation comme professeur de médecine et Guillaume Plancy indique que des étudiants venus d'Italie, d'Espagne ou d'Allemagne se rendaient à Paris pour suivre ses cours.

IV. LE TRAITÉ *DE ABDITIS RERUM CAUSIS*

La rédaction du traité *De abditis rerum causis* (*Sur les causes cachées des choses*) est une initiative importante dans la vie de Jean Fernel parce qu'on constate, à la lecture de ce texte, que d'abord conquis, dans sa jeunesse, par les affirmations prophétiques des pseudosciences occultes (magie, alchimie, astrologie), il s'est détaché par la suite de ces croyances encore très répandues autour de lui.

Bien que le traité ait été publié séparément pour la première fois en 1548, à Paris, par Christian Wechel, on estime généralement que sa rédaction est bien antérieure, datant des années 1538 à 1542, selon Hiro Hirai[16], c'est-à-dire simultanément à la rédaction de la *Partie naturelle de la Médecine.* Le traité, présenté sous forme de dialogues sur les causes cachées des phénomènes, illustre les réflexions et les prises de position de Jean Fernel en train de se détacher des affabulations de l'astrologie et de la magie.

Jean Fernel reconnaît dans son ouvrage que certains phénomènes naturels (le magnétisme en physique, nombre de maladies dans le domaine médical) ne trouvent pas encore d'explications rationnelles à son époque. Il rejette pour ces phénomènes inexpliqués toute affabulation venant des pseudosciences occultes. Il estime que les explications rationnelles suivront le progrès des connaissances dans les temps futurs.

Dans la dédicace du traité qu'il adresse au roi Henri II, Fernel commence par affirmer son enthousiasme pour l'humanisme de son époque :

> Faut-il dire sincèrement ce que je pense de notre époque ? Les sciences et les arts qui étaient demeurés ensevelis pendant presque douze cents ans, ou qui plutôt avaient péri, sont aujourd'hui ressuscités. Ils ont retrouvé leur splendeur ancienne, pour ne pas dire un plus grand éclat, et notre âge n'a rien

16. Hiro Hirai, « Alter Galenus : Jean Fernel et son interprétation platonico-chrétienne de Galien », *Early Science and Medicine*, 10, 1, 2005, p. 1-35.

Figure 2. Portrait de Jean Fernel médecin (estampe du XVIe siècle).

> à envier aux savantes époques d'autrefois. La rhétorique et l'éloquence fleurissent partout. Toutes les sciences philosophiques sont cultivées. Musiciens, géomètres, orfèvres, peintres, architectes, sculpteurs, artistes innombrables se sont donnés à tâche d'illustrer leur art par des chefs-d'œuvre qui ne le cèdent en rien aux ouvrages si universellement admirés de l'Antiquité. Et non seulement nous avons illustré et perfectionné les inventions anciennes, mais encore nous avons découvert des techniques nouvelles, que n'avaient pu concevoir le génie ou l'habileté des Anciens.

La suite du texte montre que Fernel fait ici allusion aux « bombardes » d'artillerie, à l'invention de l'imprimerie, aux instruments de navigation qui ont permis aux explorateurs de découvrir de nouveaux continents. C'est donc dans cet esprit rationaliste et conquérant qu'il aborde la question des « causes cachées des choses ».

Le traité *De abditis rerum causis* prend la forme d'un dialogue entre trois savants : Eudoxe, rationaliste, qui représente Fernel lui-même, abandonnant dans son discours tout symbole ésotérique; Brutus, partisan de l'alchimie et de la transmutation des métaux; et enfin Philiatre, également attentif aux affirmations des pseudo-sciences occultes.

La première discussion entre les trois savants confirme certaines propositions d'Aristote : pour tous les corps naturels, les quatre éléments d'Empédocle (feu, air, eau et terre) constituent la substance (ou matière) des choses composées; le ciel (ou Dieu) fournit à la matière la « forme » caractéristique d'un objet ou d'une espèce vivante. Puisque la divinité joue un si grand rôle dans la génération de la vie ou la corruption de toutes choses, il règne donc dans l'univers des puissances non explicables par le raisonnement humain : ce sont les « propriétés cachées » des choses et des êtres.

Prenant alors beaucoup d'exemples chez Galien, Jean Fernel affirme dans les dialogues du Traité que beaucoup de caractéristiques du corps humain ont des causes occultes ou divines : la chaleur innée du corps, l'esprit, l'âme, même les trois parties de l'âme selon Aristote (l'âme nutritive, l'âme sensitive ou animale, l'âme rationnelle). Fernel énumère aussi les trois fonctions naturelles de l'homme produites par des causes cachées : la procréation, la nutrition et la croissance; leur cause n'est connue que de Dieu. Beaucoup de maladies également, notamment les maladies contagieuses produisant des épidémies, ont des causes occultes et les médicaments qui peuvent les guérir ont des propriétés secrètes.

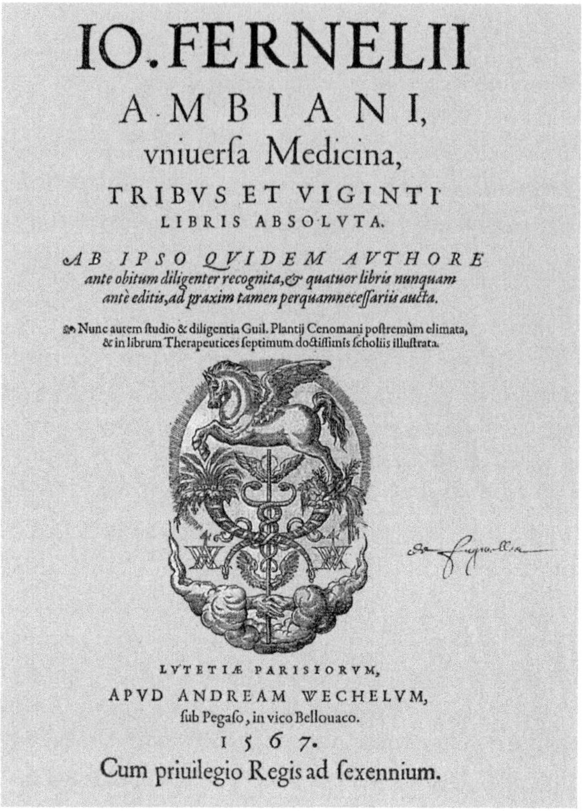

IO. FERNELII
AMBIANI,
vniuerſa Medicina,
TRIBVS ET VIGINTI
LIBRIS ABSOLVTA.
AB IPSO QVIDEM AVTHORE
ante obitum diligenter recognita, & quatuor libris nunquam antè editis, ad praxim tamen perquamneceſſariis aucta.
Nunc autem ſtudio & diligentia Guil. Plantij Cenomani poſtremùm elimata, & in librum Therapeutices ſeptimum doctiſſimis ſcholiis illuſtrata.
LVTETIÆ PARISIORVM,
APVD ANDREAM WECHELVM,
ſub Pegaſo, in vico Bellouaco.
1567.
Cum priuilegio Regis ad ſexennium.

Figure 3. Page de titre de l'édition de 1567 de l'ouvrage de Jean Fernel, *Universa Medicina*, contenant *Les sept livres de la Physiologie.*

Il faut noter que dans ce traité, Jean Fernel ne fait jamais appel à l'astrologie ou à la magie. Par ses lectures très étendues, par sa propre pratique médicale ainsi que par sa très grande connaissance de la pratique de ses confrères, Fernel s'est donc libéré finalement des croyances fallacieuses apportées par les pseudo-sciences occultes.

V. LES GRANDES ŒUVRES MÉDICALES

Tout en exerçant sa profession de médecin, Fernel commence à rédiger ses œuvres médicales qui seront publiées en latin :

- *De Naturali Parte Medicinae* (*La partie naturelle de la Médecine*), en 1542, qui contient pour la première fois une partie consacrée à la physiologie ;

- *De abditis rerum causis* en 1548 ;
- *Medicina* en 1554, traité général de médecine comprenant le *Traité des causes cachées des choses* et trois parties essentielles : la *Physiologie*, la *Pathologie* et la *Thérapeutique*.

Il publie aussi des livres sur les fièvres, les maladies vénériennes, les maladies contagieuses, sur l'épilepsie et sur la goutte, un traité sur la chirurgie ; tous ces livres, souvent parus à titre posthume, ont été avidement lus dès leur parution.

Devenu célèbre, Jean Fernel est introduit à la Cour de France et devient le médecin de Catherine de Médicis et de Diane de Poitiers. Médecin ordinaire du roi Henri II en 1555, premier médecin en 1556, il continue à écrire, travaillant avec acharnement.

Sa femme meurt en 1558. Très affecté par la mort de sa femme, usé par le travail, Jean Fernel meurt trois mois après son épouse, le 26 avril 1558. Une grande édition de sa *Médecine universelle* (*Universa Medicina, Toute la médecine*) fut publiée à Paris, par Andréas Wechel, en 1567 (figure 3).

Ce qui frappe dans cette vie de Jean Fernel, c'est la quantité énorme de lectures, de réflexions sur les textes médicaux anciens, de pensées philosophiques sur la pratique médicale, de recherches de médications nouvelles, que ce grand médecin et physiologiste de la Renaissance fit tout au long de son existence.

II

La Physiologie de Jean Fernel, présentation

L'ouvrage le plus célèbre de Jean Fernel, *Les sept livres de la Physiologie* (souvent présenté sous la forme abrégée, *La Physiologie*), n'est en vérité qu'une partie d'un ensemble plus vaste sur la médecine, d'abord publié en 1554, à Paris, par Andreas Wechel, sous le titre *Medicina*, puis repris en 1567, par le même éditeur, sous le titre *Universa Medicina*. Par la suite, cette partie de la *Médecine universelle* a souvent été publiée séparément.

Pour analyser cet ouvrage, nous avons utilisé la traduction en français, publiée au XVIIe siècle par le médecin Charles de Saint-Germain[17] (figure 4).

I. LA PRÉFACE

Les sept livres de « La Physiologie ou Discours sur la Nature humaine » sont précédés d'une importante « Préface sur la Médecine » dans laquelle Jean Fernel avance quelques idées essentielles. Il donne d'abord une définition très claire de la médecine, totalement dégagée de toute référence aux sciences occultes : « La Médecine est un art destiné à conserver la santé du corps humain et en chasser et guérir les maladies. » (p. 17)

Dès le début de l'ouvrage, Fernel met l'accent sur la nécessaire connaissance approfondie du corps humain pour que le médecin puisse agir : il lui faut évidemment connaître l'anatomie du corps de l'homme, mais aussi de quels éléments les différents organes sont composés, quelles sont les combinaisons de ces éléments dans les organes, et surtout comment fonctionnent tous ces organes dans un corps sain. C'est précisément ce fonctionnement normal du corps en parfaite santé

17. *Les sept livres de la Physiologie*, composés en latin par Messire Jean Fernel, premier médecin du roi Henri II, traduits en français par Charles de Saint-Germain, conseiller et médecin ordinaire du roi, Jean Guignard jeune, Paris, 1655, 768 pages.

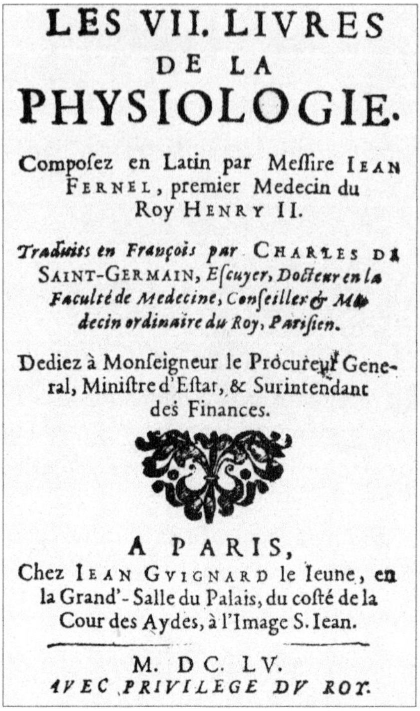

LES VII. LIVRES
DE LA
PHYSIOLOGIE.

Compoſez en Latin par Meſſire IEAN FERNEL, premier Medecin du Roy HENRY II.

Traduits en François par CHARLES DE SAINT-GERMAIN, *Eſcuyer, Docteur en la Faculté de Medecine, Conſeiller & Medecin ordinaire du Roy, Pariſien.*

Dediez à Monſeigneur le Procureur General, Miniſtre d'Eſtat, & Surintendant des Finances.

A PARIS,
Chez IEAN GVIGNARD le Ieune, en la Grand'-Salle du Palais, du coſté de la Cour des Aydes, à l'Image S. Iean.

M. DC. LV.
AVEC PRIVILEGE DV ROY.

Figure 4. Page de titre de la traduction en français, par Charles de Saint-Germain, des *Sept livres de la Physiologie* de Jean Fernel.

que Fernel a nommé : la *physiologie*. Dès lors, les maladies apparaîtront, pour l'auteur, comme des dérèglements du fonctionnement normal des organes, et l'art de guérir consistera à freiner ou supprimer les dérèglements pour revenir, si possible, au fonctionnement normal. Cette approche parfaitement rationaliste de la médecine est exprimée de façon imagée dans la préface :

> Parce qu'il est important à tout ouvrier de bien entièrement connaître la matière qu'il traite, afin de la pouvoir plus facilement disposer et tourner en toutes les façons et ornements requis dans l'art, de même il faut premièrement que le Médecin connaisse la nature du corps humain [et la nature] accomplie de toutes ses parties, que certainement nous affirmons être la matière et le sujet de toute la Médecine. […]
> De même, quand le Médecin, d'un corps malade en fait un corps sain, l'unique et même corps demeure […]. La fin pour laquelle on tâche de restituer la santé est la perfection entière des fonctions de la vie. (p. 19)

Jean Fernel conclut très logiquement sa préface en déclarant que des cinq parties de toute la médecine : « Premièrement sera celle appelée *Physiologie*, c'est-à-dire le discours sur la nature humaine qui explique entièrement la nature de l'homme sain, toutes ses facultés et ses fonctions. » (p. 21)

Cette partie initiale essentielle sera suivie, dans l'ouvrage complet sur la « Médecine universelle », de la *pathologie* (ou études des maladies), de la partie consacrée au *pronostic* (qui traite de l'évolution des maladies), de l'*hygiène* (qui indique « le bon régime de vivre » pour conserver la santé) et enfin de la *thérapeutique* (partie qui présente les remèdes pour chasser les maladies du corps). Dans la suite de notre présentation de l'œuvre de Jean Fernel, nous ne nous intéresserons qu'à la partie purement biologique de son œuvre, c'est-à-dire à la *physiologie*, « qui est le fondement et le principe de la parfaite connaissance de la science ou de l'art de la Médecine, sans l'intelligence de laquelle l'on ne peut rien savoir ni comprendre[18] ».

II. LE PLAN DE L'OUVRAGE

Le plan des *Sept livres de la Physiologie* est le suivant :

- Livre I : De la description des parties du corps humain.
- Livre II : Des éléments constitutifs du corps de l'homme.
- Livre III : Des tempéraments de chaque partie du corps.
- Livre IV : De la chaleur naturelle due aux esprits présents dans le corps.
- Livre V : Des facultés de l'âme.
- Livre VI : Des fonctions et des humeurs.
- Livre VII : De la génération de l'homme et de la semence.

Dans ce plan, ce qui est remarquable, c'est la ferme décision de l'auteur de partir des observations concrètes que l'on peut faire en disséquant des cadavres ou en employant les méthodes d'analyse mises au point par les premiers chimistes de la Renaissance, qui étaient bien souvent cependant des alchimistes. De plus, la très grande culture scientifique acquise par Fernel, lors de la période de lecture assidue de textes anciens qu'il s'était imposée dans sa jeunesse, complète de façon importante les observations qu'il a pu lui-même effectuer. La première

18. Avertissement au lecteur, placé avant la traduction des *Sept livres de la Physiologie*, par Charles de Saint-Germain.

partie de l'ouvrage, fondée sur des observations ou des données concrètes, couvre à peu près les trois premiers livres de *La Physiologie*.

Viennent ensuite quatre livres où la pensée de Jean Fernel est dominée par la reprise des spéculations biologiques des Anciens, notamment des propositions d'Hippocrate sur les humeurs du corps, ou bien de celles d'Aristote et de Galien sur la chaleur naturelle, les esprits et les facultés de l'âme. Dans le septième livre de *La Physiologie*, Fernel désigne la reproduction par le terme de « génération », comme Aristote. Si cette deuxième partie de l'ouvrage présente peu d'originalité par rapport aux spéculations des auteurs anciens, on y trouve néanmoins un très clair exposé – sans doute le plus clair de tous ceux faits à la même époque – des conceptions physiologiques qui ont marqué toute la biologie de la Renaissance jusqu'au XVIIe siècle.

III

Le Livre I de *La Physiologie* : la description des parties du corps humain

Le premier livre du traité de Jean Fernel sur *La Physiologie* présente l'ensemble des connaissances anatomiques que l'auteur estime nécessaires pour rendre compte du fonctionnement normal d'un organisme humain sain.

I. LA RENAISSANCE DE L'ANATOMIE

Il faut d'abord noter que l'ouvrage de Jean Fernel participe pleinement au mouvement de renaissance de l'anatomie qui avait débuté à la fin du Moyen Âge, en Europe, dès le XIIIe siècle et qui a marqué profondément le XVIe siècle européen. En dominant la répulsion qu'inspire à la plupart des observateurs la vue d'un cadavre, en incisant la peau et en pénétrant à l'intérieur des chairs pour observer les organes, les anatomistes de la Renaissance étaient conscients d'accomplir une transgression. Pendant plus de dix siècles – de la fin de la période hellénistique à la Renaissance – le tabou de la dissection s'est révélé si fort qu'il fut en grande partie à l'origine de la disparition des dissections anatomiques dans l'histoire et l'enseignement de la médecine. Après les travaux des savants d'Alexandrie, réalisés dans les écoles d'Hérophile et d'Érasistrate aux derniers siècles avant notre ère, puis ceux de Galien (129-200), l'anatomie a stagné pendant des siècles en Occident, parce que la pratique des dissections de cadavres avait disparu. Le savoir anatomique des facultés de médecine médiévales se bornait à la répétition, par les maîtres et leurs étudiants, des « vérités anatomiques » trouvées dans les traités de Galien.

Ce tabou de la dissection n'a été finalement levé qu'au XIIIe siècle, en Italie et en France. À la Renaissance[19], dans l'effervescence culturelle du *quattrocento* et du *cinquecento*, dans les facultés de médecine

19. Voir le chapitre consacré à « l'anatomie de la Renaissance » (p. 96-110), in Paul Mazliak, *Descartes. De la science universelle à la biologie*, Paris, Vuibert/Adapt, 2005.

italiennes principalement (Padoue, Ferrare, Bologne, Pise, Rome), l'anatomie humaine prit son essor définitif, sous l'impulsion tout à fait remarquable d'André Vésale (1514-1564). L'intérêt des grands artistes de la Renaissance – tels Léonard de Vinci ou Michel-Ange – pour la structure des corps humains, représentés dans leurs tableaux ou par leurs statues, soutint également le nouveau développement de l'anatomie.

Depuis la Renaissance, la science anatomique est véritablement à la base de la médecine occidentale. La découverte de la circulation du sang par William Harvey[20] (1578-1657), qui étudia l'anatomie à Padoue, fournit un exemple éclatant des conséquences heureuses, pour la physiologie, de l'essor de l'anatomie à la Renaissance. Mais la grande découverte de William Harvey fut réalisée après la mort de Jean Fernel et ce dernier l'ignora totalement.

II. COMMENT FERNEL DÉCIDE DE CONDUIRE SON EXPOSÉ DE L'ANATOMIE HUMAINE

Bien que le dernier chapitre du Livre I de *La Physiologie* (chapitre XVI), intitulé « la manière de la dissection », soit un véritable manuel de dissection, Jean Fernel, contrairement aux usages des auteurs médiévaux de traités d'anatomie, ne présente pas les organes dans l'ordre où ils sont découverts lors de l'ouverture des cadavres, c'est-à-dire d'abord les organes du ventre, puis ceux du thorax et enfin les parties de la tête et des membres. Comme les opérateurs du Moyen Âge ne disposaient d'aucun moyen de réfrigération des cadavres, ils devaient d'abord s'occuper des organes qui se décomposaient le plus vite ; d'où l'ordre de dissection choisi et encore suivi par exemple par William Harvey dans ses *Prelectiones*[21] de 1616.

Jean Fernel, qui veut offrir à ses lecteurs un tableau raisonné de l'organisation du corps humain et souligner à chaque fois les fonctions que remplissent les différentes parties du corps, présente les organes d'une façon différente ; il procède par grands systèmes anatomiques. Il décrit d'abord les os, qui forment la charpente et le soutien du corps, puis les cartilages et les ligaments constituant les articulations entre

20. Voir Paul Mazliak, *William Harvey, la circulation du sang et l'épigenèse des embryons*, Paris, Hermann/Adapt, 2013.

21. William Harvey, *Prelectiones anatomiae universalis*, 1616. Manuscrits non publiés du vivant de l'auteur. Publiés en latin et en anglais en 1964 par G. Whitteridge, sous le titre, *The anatomical lectures of William Harvey*, Londres/Édimbourg, E. and S. Livingstone, 1964.

les os, ensuite les muscles qui permettent les mouvements du corps en s'insérant sur les différents os, les nerfs qui donnent au corps la sensibilité aux stimulus du milieu et conduisent les décisions de la volonté, les veines et les artères qui conduisent dans tous les organes le sang nutritif et les « esprits », et finalement les membranes, ongles et cheveux qui sont les organes de protection du corps humain. Cette présentation nouvelle des parties du corps humain, dans *La Physiologie*, par grands systèmes, rejoint tout à fait la présentation de Vésale, dans son grand traité de *La fabrique du corps humain*[22] publié en 1543, c'est-à-dire pratiquement à la même époque que l'ouvrage de Jean Fernel, *De naturali parte medicinae*, première ébauche de *La Physiologie*. Mais il y a une très grande différence entre les traités d'anatomie des deux grands médecins de la Renaissance : le traité de Vésale est très richement et superbement illustré alors que celui de Fernel ne comporte aucune illustration, ce qui en rend la lecture bien difficile.

Comparée à *La fabrique du corps humain* de Vésale, si riche en descriptions extrêmement précises de tous les organes, en présentations détaillées de l'ensemble des systèmes nerveux, digestifs, sanguins, excréteurs, etc., la *Description du corps humain* de Fernel forme en définitive un ensemble assez sommaire qui ne peut donner au lecteur qu'une première approche de l'anatomie humaine. Le chef-d'œuvre de Vésale couvre plus de 700 pages de très grand format alors que les descriptions anatomiques de Fernel n'occupent que 234 pages in 8° dans l'édition française de Charles de Saint-Germain. Semblablement le Livre I de *La Fabrica*, consacré aux os et à la description du squelette (avec de magnifiques planches gravées), occupe 181 pages de l'œuvre de Vésale. Dans la *Description du corps humain* de Fernel, le squelette et les os sont décrits en 20 pages seulement ! Il en est de même pour les autres systèmes anatomiques. Ceci nous autorise à dire que la partie anatomique de *La Physiologie* de Fernel est un résumé plutôt rapide des connaissances acquises sur le corps humain à l'époque de la Renaissance.

22. André Vésale, *De Humani Corporis Fabrica Libri Septem*, Bâle, Jean Oporin, 1543. Le texte de cette édition latine est numérisé sur le site Medic@ de la BIUM de l'université Paris-Descartes.

III. LA BEAUTÉ DU CORPS HUMAIN

En préalable à toutes les descriptions anatomiques qu'il se propose de faire, Fernel insiste sur la beauté du corps humain qui peut accomplir parfaitement toutes les fonctions qu'il doit remplir. « La nature a donné à l'homme un corps qui est le premier en la figure et en sa perfection et commodité de ses parties. » Reprenant les affirmations d'Aristote, Fernel ajoute : « De tous les animaux [...] son organisme est le plus parfait et le plus accompli et sa conformation et structure est la plus belle et la mieux disposée et la mieux construite[23]. »

Les trois caractéristiques qui distinguent l'homme des animaux sont ensuite rappelées par l'auteur :

1. la station droite sur le sol qui lui permet, en s'élevant vers le ciel et le Créateur, « de ressentir des étincelles célestes et des témoignages constants de la divinité » ;
2. un cerveau « très grand et très ample qui est le principal siège de son âme » et de son esprit. On constate que sur ce point Fernel ne suit pas Aristote qui plaçait dans le cœur « le siège de l'âme et de l'esprit » ;
3. des bras et des mains étendues afin de pouvoir facilement saisir « tout ce qui agréait à sa volonté ».

IV. LES OS

Le chapitre III du Livre I est consacré aux os et au squelette (figure 5). Les descriptions de Fernel dans ce chapitre sont globalement assez exactes, avec cependant un certain nombre de petites erreurs que l'anatomie moderne a corrigées.

Préoccupé avant tout par les fonctions que doivent remplir les différents organes, Fernel remarque par exemple que « l'épine dorsale [la colonne vertébrale] » de l'homme a été divisée en multiples os pour lui permettre de « se ployer, fléchir et courber ». Les vertèbres sont correctement dénombrées, mais Fernel, en plongeant le *sacrum* dans l'huile bouillante, décompose cet os en six vertèbres primitivement soudées. Il n'y a en vérité que cinq vertèbres soudées (Vésale fit la même erreur).

La description de la boîte crânienne est assez sommaire. Galien enfermait le cerveau dans un seul os, décoré de sutures ornementales.

23. *La Physiologie*, Livre I, chapitre II, p. 28.

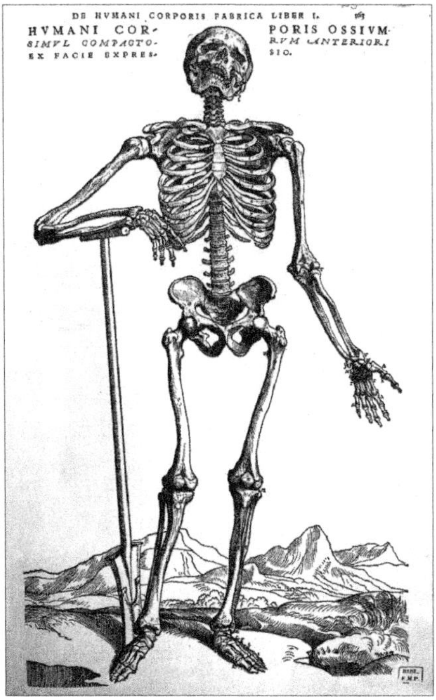

Figure 5. Squelette humain complet, vu de face.
Gravure tirée de l'ouvrage de Vésale, *De Humani Corporis Fabrica*, Livre I.

Fernel décrit sept os dans le crâne : l'occipital, les deux os des tempes (ou *bregmas*), les deux os « litoïdes » (durs comme la pierre) renfermant chacun la cavité de l'oreille moyenne, le frontal et le sphénoïde, situé sous le cerveau et portant les conduits aboutissant aux narines pour laisser passer le « phlegme » cérébral (ce qui est fantaisiste). Dans l'oreille moyenne, Fernel ne décrit que le marteau et l'enclume pour conduire le son ; l'étrier n'est évoqué que sous la forme d'une « apophyse styloïde ». Le sphénoïde serait le support du « rets plein d'admiration » c'est-à-dire du réseau sanguin imaginaire où se formeraient les « esprits animaux ». Nous reviendrons plus loin sur cette erreur.

Dans la suite du chapitre, Fernel avoue avoir simplifié la description des os de la face et de la mâchoire supérieure « crainte qu'une si grande multitude et quantité d'os n'accablât l'esprit de quelque étudiant ». Comme Galien, Fernel fait l'erreur de considérer que la mâchoire inférieure de l'homme est composée « de deux os joints au menton ». Cette erreur sera corrigée par Vésale.

Les os des articulations de l'épaule et de la hanche, ceux des membres supérieur et inférieur, de la main et du pied sont assez correctement énumérés mais bien sommairement présentés. Voilà, par exemple, le résumé de Fernel pour les os du membre supérieur :

> En un mot, les doigts sont composés et contiennent quatorze os, chaque paume de la main en a treize, le bras [l'avant-bras] deux, l'humérus un seul, outre les petits os qui sont posés dans les jointures et qui sont nommés sésamoïdes. (p. 50-51)

V. LES MUSCLES

Le chapitre v du Livre I est consacré aux muscles et aux tendons. Pour Fernel, le muscle est un mélange de fibres, de nerfs, de ligaments, d'artères et de veines :

> Le muscle est composé des fibres des nerfs propres pour le mouvement, auxquels il s'est accumulé de la chair comme pour fortifier leur fermeté, il y a des veines et des artères qui y sont répandues et dispersées, celles-là pour la distribution de la nourriture, et les autres pour la conservation de leur chaleur naturelle, en après toutes ces choses sont enveloppées et environnées tout autour d'une membrane tendre et déliée et qui accomplit le muscle. (p. 61)

Cette description de la structure musculaire est tout à fait confuse ; dans son grand traité d'anatomie, Vésale fournira une bien meilleure présentation du muscle. Pour l'anatomiste flamand, dans le « ventre » du muscle, on ne trouve que des fibres unies par de la chair tandis que pour Fernel, « le ventre est composé de toutes les choses susdites ». Cependant la notion de fibre musculaire contractile n'est véritablement présente ni dans le traité de Fernel, ni dans celui de Vésale. Pour ces deux auteurs, le muscle est contracté ou relâché par le pouvoir de « l'esprit animal ». Nous reviendrons sur ce point en étudiant le livre de *La Physiologie* consacré aux « esprits ».

On trouve dans l'exposé de Fernel une description attentive des muscles de la face (notamment de ceux permettant les mouvements des yeux), des muscles du larynx, de la cage thoracique (permettant les mouvements respiratoires), des sphincters du « ventre inférieur », des muscles des membres. Les muscles et tendons de l'avant-bras commandant les mouvements de la main et le fléchissement ou l'extension des doigts sont présentés assez brièvement.

Le diaphragme n'est pas décrit isolément. Concernant ce muscle, on ne trouve que ces lignes :

> Il y a quelques certains autres muscles dont la vertu et l'action est d'abaisser et resserrer la poitrine, dont il y en a un, qui courrant par le dos aboutit par les fibres aux racines des sept côtes supérieures. (p. 69)

Les perforations du diaphragme et les éléments anatomiques qui les traversent ne sont nullement décrites.

VI. LES VISCÈRES INTERNES

Le chapitre VI du Livre I porte un titre développé qui oriente forcément le lecteur vers le fonctionnement du corps ; il s'intitule en effet : « Quel est l'usage des parties internes, par le moyen et l'assistance desquelles nous vivons et nous sommes nourris, et quelle est leur nécessité. » Ce chapitre est important parce que l'auteur y présente pour la première fois quelques principes fondamentaux de sa physiologie.

Sur le plan philosophique, Fernel peut être rangé parmi les biologistes vitalistes qui considèrent que les lois physico-chimiques ne peuvent rendre compte, à elles seules, du fonctionnement des êtres vivants. Le vitalisme exige en effet l'implication dans ce fonctionnement de lois spécifiques au vivant, de « forces vitales », de « facultés vitales » ou « d'énergies vitales » irréductibles à la simple physique. Ce point de vue a été ouvertement évoqué par Fernel dans son ouvrage *Les causes cachées des choses* (voir p. 19). Dans la physiologie de Fernel, les « facultés vitales » sont portées par des « esprits ». Bien que le terme de « vitalisme » ne soit apparu qu'au XVIIIe siècle[24], on peut considérer que dans l'Antiquité, Aristote ou Galien furent d'authentiques biologistes vitalistes et Fernel est leur disciple.

Ainsi pour le physiologiste de la Renaissance, la sensation et le mouvement ne pourraient pas exister dans l'organisme humain sans la *faculté vitale* qui parcourt tout le corps et confère à l'ensemble la chaleur modérée qui le conserve ; cette même *faculté vitale* donne au cerveau la possibilité de transformer les matières qui lui arrivent en « esprits » portant la « faculté sensitive et mouvante », permettant ainsi la sensation, le mouvement et l'entendement.

---

24. Voir Paul Mazliak, *La biologie au siècle des Lumières*, 2e édition, Paris, Adapt, 2013.

> C'est pourquoi, explique Fernel, il était à propos qu'il y eût un cœur comme étant le principe de la génération des esprits, et que d'iceluy les artères en fussent produites par le moyen desquelles les esprits fussent répandus dans tout le corps, et que les poumons fussent proches de lui, dont la mollesse est très propre à attirer l'air et l'esprit, et qu'il fût enfin environné du diaphragme et des muscles de la poitrine, par le moyen desquels ils [les poumons] peuvent se dilater, s'abaisser et se resserrer. (p. 82)

La « génération des esprits » est une question importante de la physiologie selon Fernel et le Livre IV de son ouvrage y sera entièrement consacré.

D'un autre côté, explique encore Fernel, les substances qui constituent notre corps sont continuellement dégradées « tant par notre chaleur naturelle que par l'air qui nous environne ». C'est pourquoi nous avons le plus grand besoin d'un appareil digestif qui transforme les aliments que nous absorbons en matières pouvant renouveler les constituants altérés ou détruits des organes essentiels à notre vie. Les parties principales de l'appareil digestif sont situées dans « la basse région qui est contenue depuis le diaphragme dans l'abdomen ». Cette région du « ventre inférieur » est « l'officine [la cuisine] de la nature ».

En définitive, trois parties du corps se révèlent nécessaires à son bon fonctionnement :

- le cerveau qui est le siège de la sensation, de la faculté commandant les mouvements et aussi le siège de la raison ;
- la poitrine « qui est le domicile de l'esprit de la vie » ;
- l'abdomen (ou « ventre inférieur ») qui contient « les parties nutritives ».

On notera que cette énumération, par Fernel, des viscères nécessaires au bon fonctionnement du corps va de la partie la plus complexe (du cerveau produisant des esprits très élaborés) aux parties plus simples : le cœur et les poumons, produisant la faculté vitale et l'appareil digestif produisant, à partir des aliments, les matières permettant le renouvellement des substances corporelles.

Plus bas, le plus loin possible du cerveau et du cœur, sont les parties des appareils excréteurs, pour que les sièges des facultés et sentiments les plus nobles ne soient pas troublés par leurs « puantes vapeurs ».

Fernel revient ensuite, dans ce même chapitre VI, à l'appareil digestif : le foie apparaît comme le lieu principal d'élaboration de la nourriture assimilable. La bouche, l'œsophage, l'estomac ne font qu'un travail préparatoire de « cuisson » dans la première transformation des aliments ;

« les intestins et les boyaux poussent dehors les excréments ». Les veines mésentériques « portent au foie tout ce qui est le plus pur, afin qu'il le convertisse derechef en sang par une autre coction ». Les parties impures de la nourriture sont excrétées par la vésicule biliaire (qui évacue le « fiel »), la rate (qui évacue « la lie et le limon »), les reins (éliminant les humeurs liquides) ; enfin les excréments solides sont évacués par l'anus.

Fernel estime commode, pour les organes génitaux d'être situés dans le bas-ventre, mais la raison de la « commodité » de cette localisation n'est pas clairement indiquée ; comme les autres parties du corps, ces organes génitaux se nourrissent du sang venu du foie.

Cette première vue d'ensemble sur la physiologie générale de l'homme, par Fernel, est donc aussi dominée par une pensée finaliste, comme chez Aristote ou Galien. Rappelons que le finalisme biologique est une théorie qui postule que tous les constituants des êtres vivants, tous leurs tissus et tous leurs organes ont été « construits » (par un Créateur intelligent) pour permettre leur vie ou leur survie dans différents milieux.

Semblant ensuite revenir à la description des organes dans l'ordre où ils sont disséqués, Fernel décrit en détail, au chapitre VII, les viscères du bas-ventre, c'est-à-dire les viscères abdominaux.

VII. LES VISCÈRES DE L'ABDOMEN

Fernel décrit d'abord les membranes intestinales. Le péritoine est une enveloppe « sortant de part et d'autre de l'épine du dos ; elle est conjointe et annexée au nombril et aux premières parties du ventre et enfin au diaphragme même et à l'os pubis... Elle comprend tout ce que le ventre inférieur contient ». Le péritoine est composé de deux membranes que l'on voit être manifestement séparées aux parties postérieures.

Sont aussi décrites d'autres membranes abdominales : l'*omentum* (appelé par les Grecs *epiploon*) parce qu'il surnage au-dessus des intestins, le *mésentère* contenant de nombreux vaisseaux sanguins, notamment les veines alimentant le foie.

Sont ensuite sommairement décrits les intestins « qui paraissent entortillés en plusieurs tours », l'œsophage et l'estomac (ou « ventricule ») situé sous le diaphragme. L'estomac communique par des membranes et des veines avec toutes les « parties conjointes » : le foie, la rate et les intestins. Fernel distingue six parties dans les intestins : le duodénum, le jéjunum, l'iléon (la partie la plus longue), le « cécum » ; ces quatre parties forment l'intestin grêle ; vient ensuite le gros colon faisant un grand arc allant d'abord vers le foie, puis se couchant sous la rate et redescendant vers les hanches. La sixième partie est le rectum terminé par l'anus. Les parois entourant toutes les parties de l'appareil digestif contiennent des fibres. Au passage, Fernel note la présence du pancréas rempli de glandules.

Fernel décrit ensuite le foie, divisé en cinq lobes (ce qui sera contesté par Vésale qui n'a jamais constaté, au cours de ses dissections, la division en lobes du foie humain) ; sa chair (nommée le parenchyme) est formée de sang caillé. La fonction du foie est l'élaboration du sang distribué à tous les organes par la veine Cave. Cette grave erreur est une simple transposition de la physiologie de Galien. La veine Cave ne distribue pas le sang nourricier à tous les organes ! En vérité la veine Cave ramène au cœur le sang distribué à tous les organes par les artères. Nous reviendrons sur ce point en étudiant les veines et les artères (voir p. 46). Au plus grand lobe du foie est suspendue la « vésicule du fiel », réservoir de la bile qui s'évacue dans le duodénum par un canal. Fernel parle aussi d'un conduit (imaginaire !) allant de la vésicule à l'estomac.

La rate, posée sous le diaphragme, « attire l'immondice et l'ordure crasse des sucs et les humeurs mélancoliques ». Cette fonction de la rate est tout à fait imaginaire et remonte à Hippocrate. Cette « bile noire » accumulée dans la rate serait « répandue dans l'orifice du ventricule par l'extrémité d'une sienne veine ».

Les reins, situés de part et d'autre de la veine Cave descendue du foie, attirent « la sérosité du sang » et forment l'urine. Au milieu de chaque rein « il y a un canal qui est cave [creux], enveloppé de sa propre membrane, et qui est proprement le couloir ou le tamis pour laisser couler l'urine » dans la vessie. La paroi entourant la vessie est « tissue de trois sortes de fibres » et des veines et des artères y aboutissent. L'ouverture du col de la vessie par où s'écoule l'urine vers l'extérieur est contrôlée par un sphincter soumis à notre volonté. Le col de la vessie est court chez la femme, plus long chez l'homme puisqu'il s'étend jusqu'à l'extrémité de la verge.

Fernel décrit ensuite les testicules de l'homme (logés dans les bourses du scrotum). Ce sont les premiers instruments de la génération [reproduction] par leur faculté « spermatice » (d'engendrer la semence). Le vaisseau conduisant la semence hors de chaque testicule passe d'abord par l'épididyme (« enveloppoir bien mollet » dit Fernel) puis faisant un tour par la hanche descend jusqu'au col de la vessie. Les deux canaux issus des testicules s'unissent en un seul conduit jusqu'à l'extrémité de la « verge virile ». La prostate n'est pas clairement individualisée.

Les organes génitaux de la femme sont évoqués de façon imagée :

> L'autre instrument et comme le jardin de notre génération est la matrice [l'utérus] qui de sa propre et particulière action reçoit la semence, la conçoit et la fomente jusqu'à ce que le fœtus soit parfait et accompli. (p. 109)

La paroi de la matrice (grande comme la main) est « crasse, épaisse, charnue, tissée de toutes sortes de fibres fortes ». Elle peut se dilater pendant la grossesse. La matrice est attachée à la vessie et au rectum par de petits ligaments provenant du péritoine. La matrice présente deux grandes loges terminées par des « cornes » ; il n'y a pas de membrane entre les loges de la matrice. Les ovaires sont appelés par Fernel les « testicules des femmes » et chacun est relié par un conduit « très entortillé » à une corne de la matrice. Le col de la matrice est riche en fibres musculaires.

VIII. LES PARTIES VITALES (DU THORAX)

Au chapitre VIII du Livre I, Fernel écrit que le « ventre moyen du corps [c'est-à-dire le thorax] est destiné pour le cœur [...] comme étant son domicile et son siège, car les poumons sont créés pour servir au cœur comme de couverture ». La limite supérieure du thorax est le « gosier » c'est-à-dire le pharynx ; la limite inférieure est le diaphragme qui aide à l'inspiration de l'air dans les poumons et à l'expulsion des excréments dans l'intestin. Il y a trois grands canaux qui traversent le diaphragme : l'œsophage, la « grosse artère » (l'aorte) et la veine Cave.

La plèvre est décrite comme une double membrane qui « couvre en dedans toute la capacité du thorax » et sépare en deux les poumons. Une humeur (qui s'amasse en cas de pleurésie) est présente entre les deux membranes de la plèvre.

Fernel décrit ensuite le péricarde enveloppant le cœur et rempli d'une « humeur subtile et semblable à l'urine », ce qui maintient la moiteur de la région. Le péricarde laisse un espace vide autour du cœur pour permettre les déformations liées aux battements.

Comme les mouvements du cœur échappent totalement à notre volonté, pour Fernel le cœur n'est pas un muscle ; les battements du cœur sont seulement commandés, dit l'auteur, par « les lois de la nature ». Ces lois font évidemment partie, pour Fernel, des « causes cachées des choses ».

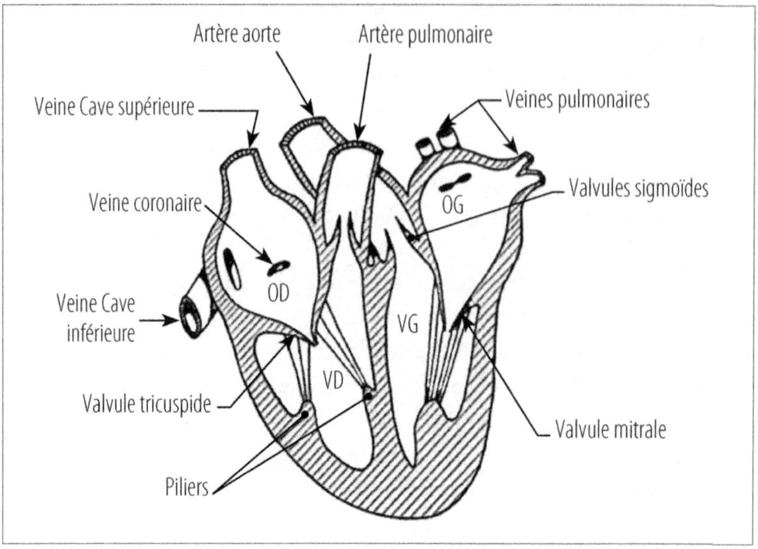

Figure 6. Représentation contemporaine d'une coupe schématique longitudinale du cœur (OD : oreillette droite ; OG : oreillette gauche ; VD : ventricule droit ; VG : ventricule gauche).

La description du cœur est assez exacte. Pour permettre au lecteur de suivre plus facilement la description de Fernel, nous donnons, dans la figure 6, une représentation contemporaine d'une coupe schématique longitudinale du cœur. (Rappelons que le traité de Fernel ne comporte aucune illustration.) Comme chez tous les animaux qui ont des poumons, le cœur humain présente deux ventricules (le cœur des poissons n'en a qu'un). La paroi du ventricule gauche est plus épaisse que celle du ventricule droit, parce que la partie gauche du cœur doit contenir « une grande quantité d'esprits subtils ». Pour Fernel, tous les vaisseaux reliés au cœur et contenant les esprits subtils ont une double tunique (comme la grosse artère, la « veine artérieuse » [notre artère pulmonaire]) tandis que ceux qui sont insérés pour apporter le sang nourricier n'ont qu'une simple membrane (comme la veine Cave ou « l'artère veineuse » [notre veine pulmonaire]) qui n'apporte au cœur que de « l'air non encore changé en esprit vital ». Le ventricule droit reçoit la veine Cave, apportant le sang nourricier du foie (grave erreur, déjà signalée) et envoie la « veine artérieuse » (convoyant l'esprit vital) aux poumons. Le ventricule gauche reçoit des poumons un vaisseau « portant l'air et un esprit froid » : c'est

« l'artère veineuse » ; du ventricule gauche sort l'aorte à double tunique convoyant vers tous les organes le sang chargé des « esprits subtils ». Ce tableau des mouvements du sang vers les poumons, directement inspiré de Galien, apparaît bien confus. Nous y reviendrons plus loin. Fernel reprend une autre erreur de Galien en parlant d'un os du cœur. À la différence de Galien, Fernel n'évoque pas ici l'existence de pores traversant la paroi séparant les deux ventricules dans le cœur.

L'existence des oreillettes est suggérée, parce que plusieurs auteurs appellent ainsi « les membranes nerveuses à l'entrée des ventricules ». Fernel décrit ensuite correctement les trois valvules tricuspides au débouché de la veine Cave, au-dessus du ventricule droit, puis les deux valvules mitrales, au-dessus du ventricule gauche, au débouché de « l'artère veineuse ». Sont aussi correctement décrites les valvules sigmoïdes au départ de l'aorte et de la « veine artérieuse ». Toutes ces valvules, successivement ouvertes puis fermées, empêchent le reflux du sang lors des contractions cardiaques. Les battements cardiaques sont bien décrits dans le paragraphe ci-dessous :

> La nature donc a ainsi ordonné que, lorsque le cœur se dilate, les fibres droites étant à soi retirées (lequel mouvement est appelé par les Grecs *Diastole*), [il] attire les matières, savoir dans le ventricule droit le sang de la veine cave, dans le gauche l'air des poumons, par lesquelles en effet les valvules étant pour lors abaissées, se joignent ensemble pour céder à la matière qu'elles ont attirée et étant étendues par d'autres [fibres] elles sont ouvertes [...]. Et incontinent après, les fibres transverses étant retirées, le cœur est resserré (ce qui a accoutumé d'être appelé *Systole*), il envoie et répand hors de soi les matières qu'il a reçues, savoir l'esprit du ventricule sénestre dans la grosse artère, du droit le sang atténué par la veine artérieuse dedans les poumons, et pour lors les valvules de celles-là sont abaissées, les autres étant droites et élevées. (p. 120)

Il faut noter que cette physiologie cardiaque est grossièrement correcte puisque ce sont les fibres cardiaques, en se « retirant » qui provoquent les mouvements du cœur, comme William Harvey le décrira près d'un siècle plus tard.

Fernel décrit ensuite le poumon qui est « l'officine de la respiration ». Ayant attiré l'esprit avec l'air inspiré, il le prépare et dispose pour le cœur « ainsi que le ventricule [l'estomac] digère et prépare les viandes pour le foie ».

L'air des poumons modère la chaleur naturelle du cœur. La chair des poumons est molle et spongieuse. Dans les lobes pulmonaires, les ramifications fines de la « veine artérieuse » et celles de l'« artère veineuse » sont entrelacées. L'air inspiré arrive aux poumons par la trachée-artère, faite de cartilages, ayant la forme de la lettre C, joints ensemble. La trachée ou « aspre artère » [artère grossière, raboteuse] se divise bientôt en deux chemins qui se subdivisent encore bien plus dans chaque poumon. Fernel n'emploie pas les termes de bronches ou bronchioles. Les plus fines ramifications de la trachée-artère se cachent dans les poumons et apportent l'air inspiré jusqu'au réseau des vaisseaux sanguins précédemment décrit.

Le sommet de la trachée-artère est appelé le larynx « qui est l'instrument de la voix ». Fernel ne décrit pas les cordes vocales. Les vingt muscles et l'innervation du larynx (avec les nerfs récurrents de la « sixième paire ») sont sommairement décrits. Derrière la trachée-artère se trouve l'œsophage et le croisement dans le pharynx, au-dessus du larynx, des voies respiratoires, venues des narines, avec la voie alimentaire, venue de la bouche, est évoqué ; l'épiglotte est la languette qui obstrue le larynx au passage des aliments et des boissons.

La langue, véhicule des saveurs, est aussi, par ses mouvements dirigés par neuf muscles, « la messagère de notre pensée et de notre volonté ». La langue, le pharynx et le larynx seraient, selon Fernel, continuellement humectés par les amygdales et d'autres petites glandes présentes dans ces régions.

IX. LA TÊTE ET LE CERVEAU

Au chapitre IX du Livre I, Fernel écrit que « le cerveau est le château et le domicile de l'esprit humain, le siège des pensées et de la raison, la source et l'origine de tout mouvement et de toute sensation ». Il est donc bien compréhensible, ajoute-t-il, que le Créateur ait placé le cerveau dans la tête, le plus près possible du ciel, d'où parvient l'esprit à l'homme. Les os de la boîte crânienne servent de protection au cerveau.

Les méninges sont des membranes enveloppant le cerveau : Fernel distingue la dure-mère (épaisse et formée de filaments durs), doublée à l'intérieur d'une membrane plus molle (notre membrane arachnoïde) qui est le propre « enveloppoir » du cerveau. Fernel signale à l'extérieur de la dure-mère l'existence d'une troisième membrane correspondant au périoste des os crâniens. En revanche, l'existence d'une troisième méninge, fine (notre pie-mère), doublant l'arachnoïde vers l'intérieur n'est pas signalée. Les méninges proprement dites s'enfoncent profondément dans la masse cérébrale et la divisent en deux parties, droite et gauche (ce sont nos hémisphères cérébraux), de même qu'elles séparent le cerveau du cervelet.

La structure interne du cerveau est ensuite très sommairement exposée. À l'intérieur de chaque partie, droite et gauche, il y a un ventricule (c'est-à-dire une cavité), allongé d'avant en arrière et s'incurvant vers l'arrière. Ces ventricules reposent sur l'os sphénoïde et les os spongieux de la base du crâne. Ils confluent à l'avant du cerveau en un canal étroit débouchant « sur une glande ronde et creuse ».

Le rôle physiologique des ventricules, tel que l'indique Fernel, est assez complexe. D'une part, dans ces cavités, s'amassent toutes les « superfluités » qui s'écouleront finalement dans le nez et dans la bouche par les petits canaux (imaginaires !) des os spongieux de la base du crâne. Cette pseudo-fonction des ventricules cérébraux n'a pas d'équivalent en physiologie moderne : la morve (qui s'écoule parfois du nez) provient des fosses nasales et des sinus des os crâniens. D'autre part, pour Fernel, les ventricules cérébraux ont un deuxième rôle beaucoup plus important. Dans les ventricules se trouvent, pour l'auteur, les réseaux de fines ramifications de vaisseaux sanguins formant les « plexus choroïdes ». Ces réseaux se raccordent au « réseau admirable » placé à la base du cerveau et formé par les ramifications de deux grosses artères (les carotides de l'anatomie moderne) venues « de la base du col ». On sait que ce « réseau admirable », décrit par Galien (au IIe siècle) et repris par tous les médecins du Moyen Âge ainsi que par Fernel, existe chez le singe mais n'existe pas chez l'homme. L'erreur de Galien sera corrigée par Vésale, dans *La fabrique du corps humain* de 1543. Quoiqu'il en soit, Fernel confie aux plexus choroïdes des ventricules cérébraux un rôle essentiel dans la transformation de « l'esprit vital » (formé dans le cœur et apporté par les artères) en « esprit animal » voyageant dans les nerfs. Des organes des sens vers le cerveau, l'esprit animal transporte les sensations. Allant du cerveau aux muscles, « l'esprit animal » commande les mouvements volontaires. « L'esprit animal » est aussi un agent de la raison. Fernel résume les choses ainsi :

> Il y a encore un usage plus excellent pour lequel la nature a destiné les ventricules, quand elle envoie dans les ventricules de devant des esprits vitaux répandus du cœur dans le rets admirable, qui sont à préparer et qui, y étant, sont en après convertis par la vertu naturelle du cerveau en esprits animaux, sont envoyés et répandus dedans tous les sens et dans le ventricule du milieu, et enfin dedans le dernier de sorte qu'ils soient suffisants pour faire les fonctions du sentiment [c'est-à-dire de la sensation] et du mouvement. Il en est

> de même des fantaisies ou des imaginations que les images et les fantômes des choses comprises par les sens ont élevé dedans les ventricules. (p. 135)

Le cervelet, logé sous l'os occipital, est entouré des méninges et renferme aussi un ventricule. En avant de la jonction du cerveau et du cervelet, pend une glande bien irriguée de vaisseaux sanguins : c'est le *coronarium* (notre hypophyse, à laquelle Fernel n'attribue aucune fonction). Au-dessus de cette jonction cerveau-cervelet se trouve *l'épiphyse*, « couchée en long et semblable à un vers ».

Fernel passe ensuite à la description des « nerfs qui naissent du cerveau », c'est-à-dire à la description des nerfs crâniens. Il n'en reconnaît que sept paires ou « conjugaisons », comme Galien l'avait fait, avant lui, et comme le fera encore Vésale dans *La fabrique du corps humain.* Les anatomistes dénombrent aujourd'hui douze paires de nerfs crâniens. Ceux reconnus et plus ou moins bien décrits par Fernel sont les suivants :

- première paire : les nerfs optiques, ceux convoyant « l'esprit visuel » et se croisant, à l'entrée du cerveau en « croix de Bourgogne » (c'est notre chiasma optique) ;
- deuxième paire : les nerfs « mouvant les yeux » (oculomoteurs) ;
- troisième paire : les nerfs du goût, pour la langue et la mâchoire supérieure ;
- quatrième paire : les nerfs palatins (non reconnus comme nerfs indépendants aujourd'hui) ;
- cinquième paire : nerfs auditifs et ramifications pour les muscles de la tempe ;
- sixième paire : « donne le sens du tact [toucher] aux parties internes du corps ». Les ramifications vers les côtes, les viscères de l'abdomen, l'œsophage, la trachée-artère, les poumons et le cœur correspondent aux actuels nerfs pneumogastriques (douzième paire de nerfs crâniens en anatomie moderne) ;
- septième paire : nerfs innervant la langue, le larynx et les amygdales.

Les principaux nerfs crâniens non reconnus par Fernel sont :

- les nerfs olfactifs qui sont pour lui de simples prolongations des organes de l'odorat situés à l'avant du cerveau sous forme de « tubercules éminents comme des mamelles » ;
- les nerfs trochléaires innervant l'oreille interne ;
- les nerfs oculaires externes ;
- les nerfs accessoires ou spinaux de la onzième paire des anatomistes modernes.

La fin de ce neuvième chapitre consacré à la tête décrit les organes des sens. Dans l'oreille, le tympan est décrit comme « la dure-mère qui est au travers du trou de l'oreille ». Cette membrane « reçoit le son et avec le coup de l'air ». Le nez est le passage des odeurs et de l'excrément morveux. Les yeux sont les parties les plus précieuses du corps. « À cause d'eux (si l'on en croit Galien) la tête a été mise en un lieu haut et élevé. » Il y a sept muscles oculaires dans les orbites. Les yeux sont entourés de quatre tuniques auxquelles Fernel ne donne pas les noms modernes : la rétine, par exemple, est confondue avec la tunique choroïde. L'auteur distingue trois humeurs à l'intérieur de l'œil : aqueuse, vitreuse et cristalline. Cette description anatomique de l'œil est donc bien inexacte. Le goût enfin est « contenu tout autour de la bouche et de tous les côtés ». Fernel n'envisage aucunement l'existence de papilles gustatives.

Après cette description du corps dans l'ordre de la dissection (de l'abdomen, au thorax et enfin à la tête) Fernel revient à une description anatomique systématique des nerfs, des veines et des artères.

X. LES NERFS (CHAPITRE X)

Reprenant des considérations avancées au IIe siècle par Galien, Fernel pose arbitrairement que l'avant du cerveau est fait de matière « molle et tendre » ; de cette région partent les nerfs sensitifs de consistance molle. La partie arrière du cerveau et le cervelet sont, pour Fernel, constitués de matière dure. De ces régions partent les nerfs moteurs qui descendent dans le corps par les parties postérieures de la moelle épinière. Les nerfs moteurs deviennent d'autant plus durs qu'ils sont plus longs. Fernel emprunte encore cette curieuse idée à Galien.

La moelle épinière « passant jusqu'à l'extrémité de l'os sacré par le tuyau de l'épine » est entourée de deux méninges raccordées aux méninges cérébrales ; une troisième méninge entoure les deux méninges précédentes.

Les nerfs rachidiens ne sont pas clairement identifiés par Fernel comme des nerfs mixtes, sensitifs et moteurs ; il n'est nullement question des deux racines (l'antérieure motrice et la postérieure sensorielle) de chaque nerf. Pour Fernel, les nerfs rachidiens sont essentiellement moteurs ; il écrit néanmoins que ces nerfs « se répandent dans tous les muscles pour le mouvement et le sentiment ». Ce point reste donc assez obscur. Fernel décrit vingt-neuf paires de nerfs rachidiens sortant de la moelle par des petits trous situés entre deux vertèbres. Voici le décompte qu'il présente :

> D'où l'on peut reconnaître que les conjugaisons qui proviennent de la moelle de l'épine sont en tout vingt-neuf, savoir huit du col, douze du dos, cinq des lombes, quatre de l'os sacré. Il y en a quelques-uns qui sont de cette opinion qu'il en sort cinq de l'os sacré, tellement qu'il y en a en tout trente. (p. 154)

Les anatomistes modernes ajoutent une paire de nerfs rachidiens coccygiens.

Pour Fernel, les nerfs rachidiens commandent principalement les muscles des parties dorsales du corps. Cependant la sixième paire de nerfs cervicaux innerve le diaphragme, la quatrième paire issue du sacrum envoie des ramifications vers l'anus, la vessie et les parties génitales.

Fernel présente dans ce chapitre des descriptions maladroites des plexus nerveux du bras et de la cuisse. Ainsi pour le bras :

> La septième conjugaison [de nerfs rachidiens] sortant sous la sixième vertèbre s'étend en grande partie dans le bras et les autres fibres sont entrelacées et conjointes avec les prochaines étant répandues dans la tête, dedans le col et le diaphragme. La distribution de la huitième conjugaison est presque semblable, dont il y a plusieurs scions et productions dedans le coude et le bras. (p. 152)

La neuvième paire de nerfs rachidiens, passant par l'avant-bras, innerve, en trois branches, les muscles des doigts de la main.

XI. LES VEINES (CHAPITRE XI)

Au tout début de ce chapitre, Fernel déclare d'emblée :

> J'établirai ici pour une hypothèse que le foie est l'origine des veines [...]. Plusieurs veines se dispersant de sa partie cave dans le ventre et dedans les boyaux se fendent ainsi que les racines d'un arbre. Mais il sort de sa partie gibbeuse une grosse veine qui, ainsi qu'un tronc d'un arbre, répand grande quantité de rameaux par tout le corps ; dont la vertu et la faculté est de distribuer du foie l'aliment par toutes les parties du corps, non seulement, ainsi que des canaux et des conduits, mais qui sont aussi doués des facultés de la coction. Outre les autres facultés elles ont surtout une très grande faculté attractive, pour raison de quoi elles ont toutes en leur simple tunique ou membrane, des fibres étendues en long, et c'était assez qu'elles eussent une simple tunique pour contenir et renfermer le sang comme étant crasse et épais, et il n'était pas à craindre qu'il se répandît au-delà. (p. 156)

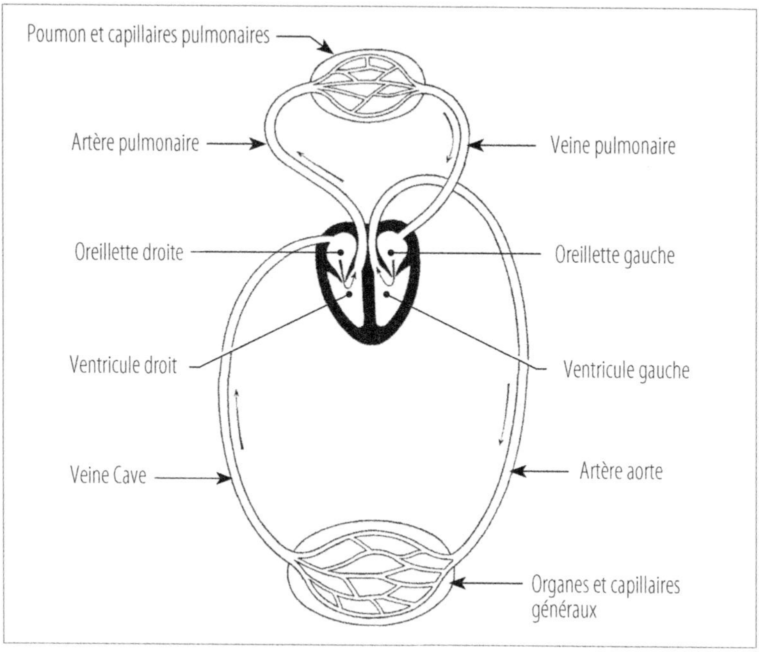

Figure 7. Schéma simplifié de la circulation sanguine, telle que l'envisage la physiologie contemporaine depuis William Harvey (1628).
On notera que les veines permettent le retour du sang des organes vers le cœur, contrairement aux affirmations de Fernel qui considérait que les veines (notamment la veine Cave) distribuaient le sang nourricier à tous les organes. Ainsi, pour Fernel, le sang migrait dans la veine Cave du haut vers le bas du corps alors que la circulation du sang se fait véritablement dans l'autre sens, du bas du corps vers le cœur.

Fernel reprend ainsi complètement à son compte une des plus grosses erreurs physiologiques faites par Galien : le système veineux ne ramènerait pas le sang au cœur, mais au contraire distribuerait le sang nourricier vers tous les organes du corps ! Cette grosse erreur se retrouve dans le grand traité d'anatomie de Vésale et ne sera corrigée que par William Harvey, découvrant la circulation du sang, en 1628 (figure 7).

Pour Fernel, le foie est donc l'organe où s'élabore, par « coction » des aliments, le sang nourricier, « crasse et épais », maintenu dans les veines à paroi fine. Les aliments nécessaires à la fabrication du sang, déjà « précuits » dans l'estomac, arrivent au foie par la veine Porte qui rassemble l'ensemble des veines venues des intestins. Cette veine Porte se raccorde à la partie concave du foie dans lequel elle se ramifie considérablement.

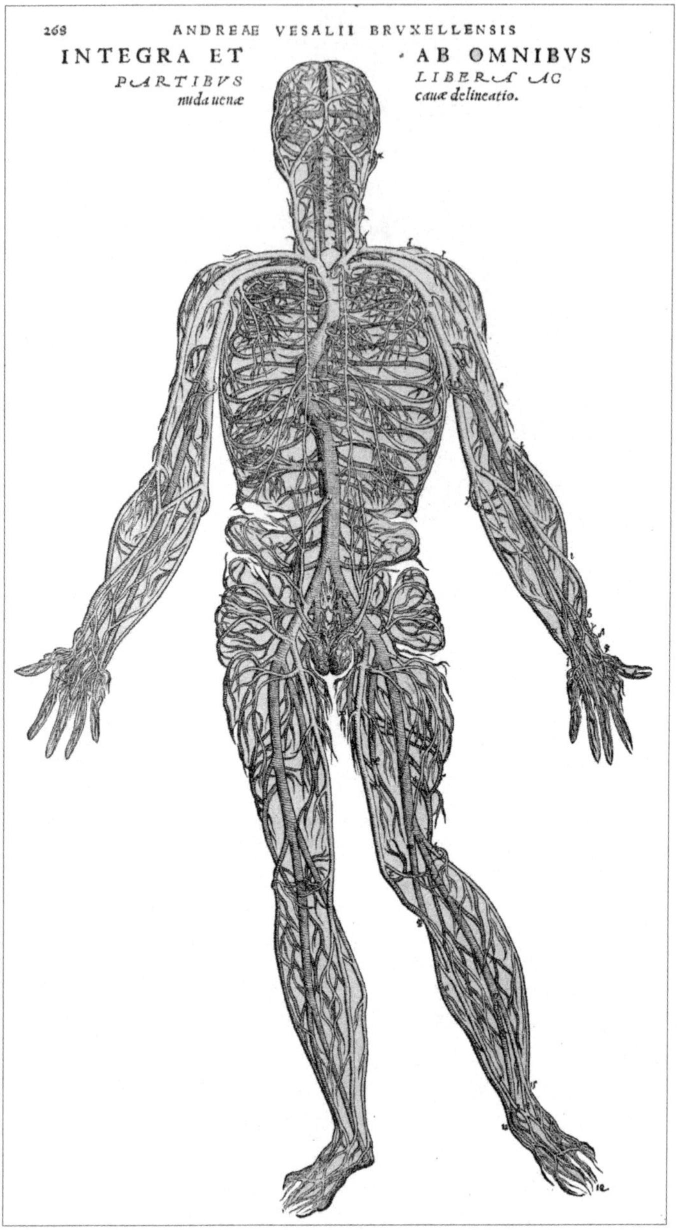

Figure 8. Le réseau complet de la veine Cave, selon Vésale, in *De Humani Corporis Fabrica*, Livre III.

De la partie convexe (« gibbeuse ») du foie sortirait la grosse veine Cave rassemblant le sang présent dans de nombreuses ramifications sans continuité aucune avec celles de la veine Porte. Pour distribuer le sang nourricier, la veine Cave se divise en trois branches douées de « facultés attractives » : l'une va directement dans la partie droite du cœur (oreillette puis ventricule) ; du ventricule droit part, vers les poumons, une « veine artérieuse » à paroi épaisse dont nous avons déjà parlé en décrivant l'anatomie du cœur ; la seconde branche de la veine Cave monte en se ramifiant vers le cou, le haut de la poitrine, le péricarde (pour nourrir le cœur), les bras et la tête ; la troisième branche forme la grosse veine « descendante », passant par le milieu du thorax, et irrigant tous les organes de l'abdomen et les membres inférieurs. La description par Fernel, du réseau veineux dans l'organisme humain, est tout à fait semblable à la description donnée par Vésale dans *La fabrique du corps humain* (figure 8).

Un certain nombre des ramifications veineuses sont encore assez minutieusement décrites par Fernel dans ce chapitre, mais toute l'anatomie du système veineux reste dominée par l'idée fausse que les veines distribuent le sang nourricier aux organes.

XII. LES ARTÈRES (CHAPITRE XII)

Les artères ont une tunique épaisse pour empêcher toute fuite de « l'esprit vital » formé dans le ventricule gauche du cœur à partir du sang nourricier et de l'air apporté des poumons. Les artères distribuent cet esprit vital à toutes les parties du corps, comme les veines distribuent de leur côté le sang nourricier. Cela explique que les deux systèmes circulatoires, veineux et artériel, aient beaucoup de similitudes, comme l'écrit Fernel.

> La description des artères n'est pas beaucoup différente et dissemblable de celle des veines. Car, étant les conduits et les canaux de l'esprit vital répandu par tout le corps, elles doivent être portées en toutes les parties du corps ; mais néanmoins la propagation des artères est moins fréquente que celle des veines, d'autant que le sang le plus épais ne peut pas à peine passer dedans les petites parties qui sont fort éloignées sinon par les canaux des veines ; et que l'esprit, beaucoup plus subtil que le sang, étant tombé des extrémités des grosses artères peut passer par les conduits occultes et cachés des parties dedans ses parties plus éloignées, sans avoir aucun besoin pour cela de l'aide et l'assistance des artères. [...] Il n'y a aucune veine qui accompagne l'artère qui descend du cœur le long de l'épine du dos ni aussi celles dont est composé le rets admirable. (p. 175)

Fernel décrit le système artériel à partir du ventricule gauche. À ce ventricule aboutissent les « artères veineuses » [nos veines pulmonaires] qui apportent au cœur l'air inspiré « du ciel » par les poumons. Ces « artères veineuses » ne sont donc pas de vraies artères par leur fonction, mais doivent être considérées, nous dit Fernel, comme « les racines de l'arbre artériel ». C'est la grosse artère [l'aorte], sortant du ventricule gauche qui est « le tronc et la souche de toutes les artères ». L'aorte descend vers le bas du corps « le long de l'épine du dos » et elle envoie fréquemment des ramifications vers toutes les parties. Les branches dirigées vers le haut du corps irriguent la partie supérieure du thorax, les épaules, les bras et la tête. L'irrigation du cerveau se fait à partir des deux carotides, issues de l'aorte, et produisant « le réseau admirable » (imaginaire chez l'homme!) à la base du cerveau et les deux « plexus choroïdes » dans les ventricules cérébraux.

L'aorte descendant le long de la colonne vertébrale produit des ramifications irrigant les muscles et les viscères de l'abdomen. Après le sacrum, l'aorte se divise en deux grosses artères [fémorales] qui descendent dans les cuisses et alimentent en esprit vital tous les muscles des jambes et des pieds.

Les artères sont généralement enfouies profondément dans les chairs alors que les veines sont plus superficielles sous la peau.

> Car, comme la nécessité des artères nous était plus grande que celle des veines, il était plus sûr qu'elles fussent plus profondément situées et cachées, et qu'elles fussent moins répandues par plusieurs productions. (p. 182)

XIII. LES DERNIERS CHAPITRES DU LIVRE I

Les trois derniers chapitres de « description du corps humain » traitent des membranes et de la peau (chapitre XIII), de la chair et des parties molles (chapitre XIV) et enfin de la graisse, de la moelle, des ongles et des cheveux (chapitre XV). Comme Fernel n'a aucune notion de l'organisation cellulaire des tissus (le microscope ne sera inventé qu'au XVIIe siècle), ces chapitres présentent une histologie fantaisiste, sans intérêt aujourd'hui. Ils traduisent cependant, à la Renaissance, un état de connaissances très rudimentaires et très semblables à celles des auteurs de l'Antiquité ; ces connaissances ne seront vraiment corrigées que par la découverte de la cellule au XIXe siècle.

Ainsi, pour Fernel, les membranes ne sont que des tuniques enveloppant les organes, sans fibres, à la différence des vraies parois du cœur, de l'intestin, de l'estomac, etc. « La première origine de toutes les membranes vient de la substance et de la masse des parties qu'elles enveloppent. » (p. 187) Ces membranes sont donc des sortes d'excrétions souples des viscères qu'elles entourent.

La peau est de même nature, mais présente beaucoup de pores « pour donner passage aux exhalaisons des parties internes ». La membrane de la « vraie peau » est recouverte d'un « épiderme » engendré par « les excréments détachés ».

Le « sang caillé » est à l'origine de toute chair, celle des muscles (qui contient beaucoup de fibres) comme celle des glandes et des viscères.

La graisse est engendrée à partir d'une portion grasse et froide du sang. La graisse fond à la chaleur. La moelle des cavités des os est une graisse, dit Fernel ; c'est, selon lui, « la commune nourriture des os ».

Il sort toujours de l'extrémité des doigts « certain excrément et ordure » constituant la matière des ongles. De même les cheveux « prennent naissance de l'excrément des humeurs épaisses et fuligineuses qui sortent par des pores petits et étroits de la peau » (p. 201).

Comme nous l'avons déjà indiqué, le dernier chapitre du Livre I (chapitre XVI), intitulé « la manière de la dissection », est un traité de dissection, procédant de l'abdomen (ventre inférieur) au thorax et à la tête ; l'opérateur peut injecter des liquides colorés dans les vaisseaux ou insuffler de l'air, à des fins de démonstration. La boîte crânienne est sciée pour l'observation du cerveau. « Il faudra rechercher sur un animal fraîchement mort les lacis choroïdes et les premiers ventricules du cerveau[25] » parce que ces structures s'affaissent dans les cadavres humains de trois ou quatre jours.

Fernel conclut ce Livre I de *La Physiologie* par cette très belle déclaration :

> C'est pourquoi, tout ainsi qu'il faut apprendre la géographie pour la connaissance et la foi de l'histoire, de même il faut apprendre la description du corps humain pour savoir et pratiquer l'art de la Médecine. (p. 224)

25. *La Physiologie*, Livre I, chapitre XVI, p. 221.

IV

Les éléments et les tempéraments

Les deux livres (II et III) suivant la description anatomique du corps humain s'efforcent, dans le cadre des connaissances acquises au XVIe siècle, de présenter les bases biochimiques et même biophysiques de la physiologie humaine. Bien entendu, comme la chimie héritée des auteurs grecs anciens et des spéculations des alchimistes du Moyen Âge était très rudimentaire et fantaisiste, les développements de Fernel le sont souvent tout autant.

I. LES ÉLÉMENTS CONSTITUTIFS DU CORPS HUMAIN

Le Livre II de *La Physiologie* (*Des éléments*) est précédé d'une belle préface dans laquelle Jean Fernel affirme, avec éloquence, son parti pris rationaliste.

> Car la raison est la lumière de l'Esprit, laquelle est telle, que ceux qui la méprisent ne peuvent connaître les causes des choses, ni rechercher ni reconnaître ce qui est de véritable, ni juger ce qui est faux, en aucune d'icelles[26].

Fernel introduit son étude des éléments constitutifs des organes corporels en déclarant que le corps humain ayant été, par l'anatomie, divisé en parties, toutes apparentes aux sens, il faut maintenant passer à celles « qui se connaissent seulement par la pensée ». Il s'agit donc de voir de quels éléments se compose chacune des parties du corps, quel mélange d'éléments existe dans chaque organe, quelle chaleur ou quelles facultés résultent de ce mélange. Car, déclare Fernel, « la physiologie enseigne, par l'effet de la démonstration, la connaissance de la composition naturelle de l'homme » (p. 228).

Les différents organes du corps assemblent des parties « simples » ou « composées ». Les « parties simples », divisées à l'infini, ne donnent qu'un seul type de substance : graisse, chair, sang, os, ligament, etc.

---

26. *La Physiologie*, Livre II, Préface, p. 226.

Ces « parties simples » (homogènes) ne sont pas des organes, n'accomplissant, seules, aucune fonction physiologique. Ce sont « les parties homéomères » d'Aristote, précise Fernel. En revanche, les « parties composées » des organes assemblent divers types de substances, comme le cerveau, les muscles, les viscères, les organes des sens, etc. Ce sont les parties qu'Aristote nommait « anhoméomères ». Toutes les « parties composées » du corps sont faites pour remplir une fonction : « coction » des aliments par l'estomac, élaboration du sang par le foie ou des esprits par le cœur ou le cerveau, envoi de sensations au cerveau par les organes des sens, etc.

Au chapitre III du Livre II de son ouvrage, Fernel donne la définition d'un élément :

> [...] l'Élément est un corps simple, duquel est premièrement composé quelque chose ; ce qui est simple est ce qui se reconnaît le dernier et le plus petit de la division, ou s'il a quelque grandeur ou quelque masse, il ne se peut toutefois partir [c'est-à-dire diviser] en d'autres espèces ; par la liaison des parties simples est fait le composé. (p. 242)

Le chapitre IV du Livre II présente les quatre éléments fondamentaux, tels que le savant grec Empédocle d'Agrigente les avait déjà énumérés au Ve siècle avant notre ère ; ces éléments sont toujours associés à deux qualités. Ce sont : le *feu*, par nature chaud et sec ; l'*air*, chaud et humide ; la *terre*, froide et sèche et enfin l'*eau*, froide et humide. Ces quatre « éléments » ont gardé leur statut de « corps simples » pendant plus de vingt siècles et ne se révèleront être des corps composés qu'au XVIIIe siècle, grâce aux travaux de Lavoisier et à ceux des chimistes contemporains de Lavoisier. Le corps de l'homme, comme toutes les autres choses, est lui aussi composé des quatre éléments fondamentaux qui nous sont apportés par les nourritures, herbes et viandes, transformées par la « coction ». Les plantes puisent, par leurs racines, leurs éléments constitutifs dans le sol et les animaux herbivores se nourrissent directement des plantes ; les animaux carnivores s'en nourrissent indirectement. Lors de la reproduction de l'homme, les quatre éléments fondamentaux sont apportés au fœtus par la semence et le sang.

Le devenir du cadavre, après la mort de l'être humain, démontre très clairement, pour Fernel, la composition élémentaire du corps.

> Car la nature, faisant la mort et la destruction des choses, elle résout chaque chose dans le même état duquel elle avait été produite. Quand les hommes

> meurent ayant rompu les liens de leur corps, tout ce qui est dissipé de la chaleur naturelle s'envole et se rend dans la nature du feu, et la substance de l'esprit se résout en partie dans le feu et en partie dans la région de l'air qui nous environne. Et l'humeur coulante est derechef faite eau ou exhalaison qui approche fort de la nature tant de l'eau que de l'air. Et les parties les plus solides, dans lesquelles il y a une plus grande fermeté, après que l'humeur aura été sensiblement épuisée [...] elles sont toutes réduites en cendres et en terre. (p. 252)

Vient ensuite un chapitre polémique (chapitre VI) contre l'opinion de « plusieurs auteurs des plus modernes », dit Fernel (sans donner de nom), qui estiment que le corps humain ne renferme pas d'éléments sous forme matérielle mais seulement les qualités qui leur sont associées : le froid, le chaud, l'humide et le sec. « C'est chose bien ridicule et qui approche la folie » déclare Fernel ; on peut qualifier la position philosophique adoptée par l'auteur sur ce point de réaliste ou de matérialiste.

Les qualités associées aux éléments purs se retrouvent dans les corps composés à des degrés divers : ces corps composés sont plus ou moins chauds, plus ou moins humides, etc. La qualité dominante est fonction de l'abondance de tel ou tel élément. Par exemple, plus un composé corporel contient d'eau, plus il est humide (c'est le cas des « humeurs ») ; plus un composé corporel contient de terre, plus il est solide et sec (c'est le cas des os).

> Quand les forces et vertus des [éléments aux qualités] contraires sont extraordinairement dissemblables, ce qui est le moins et le plus faible est surmonté par le plus grand et le plus puissant, qui le convertit et le change en sa nature, car nous ne disons point qu'une bouteille d'eau soit mêlée avec mille bouteilles de vin, ni le bois avec le feu, ni l'aliment avec le corps, mais bien que ces choses ont péri et qu'il en est né une nouvelle . [...] C'est autre chose d'être mêlé et d'être engendré [...]. Cette opinion ne peut se défendre que les substances des éléments périssent et que leurs seules qualités sont retenues dedans le mélange. (p. 260)

Le huitième et dernier chapitre de ce Livre II consacré aux éléments présents dans le corps humain est une longue discussion explorant les possibilités d'attraction et de mélange des éléments les uns avec les autres.

> Donc, écrit Fernel, les choses qui étaient diverses auparavant ou différentes, le feu, l'air, l'eau, et la terre, quand elles concourent dans la composition

d'un corps semblable, elles portent et représentent une même espèce et il se fait une union de toutes en une même chose. (p. 266)

Il s'agit là, bien entendu, d'une chimie très rudimentaire, balbutiante. Cependant Fernel pose de bonnes questions qui ne seront vraiment résolues que par la biochimie du xxe siècle.

II. LES TEMPÉRAMENTS (LIVRE III DE *LA PHYSIOLOGIE*)

Ce que Jean Fernel nomme le *tempérament* est la qualité nouvelle, acquise par un corps composé, lorsque les éléments qui le composent se « mixent » (aujourd'hui, nous dirions « se combinent »). Les proportions respectives des différents éléments dans un corps composé sont rarement égales ; cependant, tous ceux qui sont présents concourent ensemble à la réalisation d'une certaine moyenne (Fernel dit d'une certaine « médiocrité », employant le mot latin « *mediocritas* »). Cette moyenne s'établit entre les qualités extrêmes des différents éléments (chaleur du feu, froideur de l'eau ou de la terre, par exemple) et cette qualité résultante « médiocre » est justement le tempérament du corps composé.

Le concours des qualités principales qui se rencontrent dans les bornes et limites de cette médiocrité, tout ainsi qu'elle engendre le mélange (la « mixture »), elle produit en même temps et incontinent le tempérament. (p. 269)

Fernel définit encore le tempérament comme « l'harmonie et la concorde » entre les qualités originales des éléments du « mélange » (*mixtio* en latin) donnant le corps composé. Il s'appuie sur une comparaison avec le chant ou la musique où les sons extrêmes doivent être reliés par des sons intermédiaires pour que l'ensemble soit agréable à entendre.

Le tempérament est non la « mixture » même, mais la raison ou l'état de nature de la « mixture » : on le peut aussi définir l'harmonie et le concert des principales qualités qui sont dans les éléments mêlés ensemble. Car comme dans le chant et dans les cordes d'un instrument, les sons sont distincts par de longs intervalles des lieux, ou en effet conjoints mais dissemblables, et nullement distincts en égale proportion, [ces sons] ne font point un concert si les premiers ne sont pas bien tempérés et d'accord avec les derniers, et si ceux qui sont au milieu, correspondant également aux deux extrêmes, ne remplissent les oreilles d'un son doux et agréable. De même les qualités des éléments,

> entre eux disjoints et séparés, s'assemblant ensemble ne composent point le tempérament, si elles ne se lient et se conjoignent mutuellement les unes et les autres par une certaine médiocrité modérée et concordante. (p. 270)

Dans un corps composé, les quatre éléments fondamentaux (terre, air, eau, feu) sont tous nécessaires pour définir un tempérament. Deux seulement ne suffisent pas : ainsi on ne peut combiner seulement l'eau et le feu dans un corps composé ; pour que les qualités intermédiaires (« médiocres ») entre les extrêmes apparaissent vraiment, il faut la présence des quatre éléments, affirme Fernel. Ce qui lui permet, en définitive, d'énoncer clairement :

> Le tempérament est un certain concert ou accord des principales qualités résultant du mélange (aujourd'hui, nous dirions plutôt « de la combinaison ») de tous les éléments. (p. 271)

Cette définition simple entraîne Fernel à récuser la proposition d'Avicenne pour qui la combinaison des qualités primaires des éléments entraînerait la disparition de ces derniers ; une cinquième qualité, nouvelle, apparaîtrait, constituant justement le tempérament. Fernel s'insurge contre cette « vanité d'opinion » due à Avicenne, erreur qui a « longtemps troublé les esprits faibles ». Si les qualités primordiales des éléments disparaissaient dans les corps composés, s'il ne subsistait en chacun qu'une qualité nouvelle, comment pourrait-on expliquer les changements de qualité apparaissant avec l'âge dans les corps composés, par exemple leur plus grande froideur ou leur plus grande sécheresse ? Ou bien comment expliquer leur plus grande chaleur lorsque surviennent certaines maladies ? L'évolution de la qualité d'un corps composé dépend des variations avec le temps de la masse des divers éléments qu'il contient.

> La chaleur qui est dans un petit feu est au même degré que celle qui est dans un plus grand feu ; toutefois elle chauffe moins, parce qu'elle n'a pas une pareille masse et quantité. (p. 278)

Fernel conclut qu'Avicenne « a défini faussement le tempérament » et réaffirme sa position réaliste antérieure : les éléments demeurent dans les corps composés avec leurs qualités propres qui se modifient cependant en se combinant en diverses proportions ; de la combinaison des éléments naît le *tempérament* du composé.

Fernel intitule le chapitre II de ce Livre III de *La Physiologie* : « Que les contraires s'assemblent dans une même chose, et comment il faut prendre [apprécier] les vertus [forces] de chacun d'eux. » L'auteur introduit dans ce chapitre une nouvelle polémique : pour lui, Averroès, avait tort de reprocher à Galien d'avoir considéré que les plus fortes qualités des éléments n'étaient pas atténuées dans les tempéraments. Fernel de son côté adopte l'opinion d'Aristote selon qui, dans les corps composés, on trouve la moyenne (la « médiocrité ») résultant de la combinaison des extrêmes se neutralisant mutuellement, comme l'eau bouillante avec l'eau froide. Avec l'âge, la maladie ou la mort, la balance entre les proportions des éléments change, et une qualité extrême, jusque-là masquée, peut finir par l'emporter.

Fernel en arrive maintenant (au chapitre IV du Livre III de *La Physiologie*) à la présentation des différents types de tempéraments associés aux corps composés de l'organisme humain. Quand les qualités associées aux quatre éléments fondamentaux sont réunies dans un corps composé, et qu'elles sont toutes de même force, de sorte qu'il s'y rencontre une même proportion de chaud et de froid, d'humide et de sec, ce composé acquiert « un tempérament juste et modéré qui est la règle et la loi des autres » affirme Fernel. Quand les éléments associés sont présents en proportions inégales et par conséquent quand les qualités associées aux éléments ont des intensités différentes, le tempérament résultant sera « intempéré et immodéré ». Dans ce cas, une ou deux qualités seulement (jamais trois) peuvent l'emporter sur les autres.

D'après ces règles, il ne peut exister que quatre tempéraments simples, n'ayant qu'une qualité dominante :

1. un tempérament où le chaud domine le froid et dans lequel l'humidité est équivalente à la sécheresse ;
2. un tempérament où, à l'inverse, le froid domine le chaud, et dans lequel l'humidité est encore équivalente à la sécheresse ;
3. dans le troisième tempérament simple, l'humidité domine la sécheresse, mais le froid est équivalent au chaud ;
4. finalement, dans le quatrième tempérament simple, c'est la sécheresse qui domine sur l'humidité et froid et chaud sont équivalents.

D'un autre côté, il existe quatre tempéraments composés ayant chacun deux qualités dominantes, soit :

1. un tempérament chaud et humide ;
2. un tempérament chaud et sec ;
3. un tempérament froid et humide ;
4. un tempérament froid et sec.

Il y a donc au total neuf types de tempéraments : un tempéré, quatre simples et quatre composés. Il convient cependant de noter qu'au-delà de ces neuf types fondamentaux, il peut exister une infinité de *tempéraments vrais*, chacun étant relié à la plus ou moins grande importance prise par l'élément dominant dans le corps composé. Certains tempéraments sont très chauds, d'autres beaucoup moins, selon la quantité de feu renfermée dans le corps composé. Certains tempéraments sont très froids et très humides, mais d'autres peuvent être très froids et presque secs. Ainsi une infinité de tempéraments se rencontrent dans la nature.

Plus un tempérament se rapproche du tempérament « juste et modéré » par les proportions des éléments, plus sa vie sera longue. Plus les proportions sont dissemblables, plus les tempéraments apparaîtront immodérés ou extrêmes : ces tempéraments-là sont très instables, changeants et leur vie sera brève. Par exemple un tempérament très chaud et très humide ne peut subsister longtemps parce que la chaleur diminue l'humidité et ce tempérament évolue vite vers un autre : chaud et sec.

III. COMMENT APPRÉCIE-T-ON LA NATURE D'UN TEMPÉRAMENT ?

À cette question fondamentale, Fernel répond que « le tact ou l'attouchement de l'homme est la loi et le juge pour reconnaître le tempérament » (titre du chapitre v du Livre III de *La Physiologie*). Le sens du toucher de l'homme est donc l'outil décisif pour distinguer les tempéraments.

Fernel souligne d'emblée qu'apprécier la nature d'un tempérament est un problème très difficile ; chaque détermination est subjective et incertaine.

> La faiblesse de notre esprit peut bien douter et craindre de pouvoir trouver combien il y a de [pro]portion de chacun [des éléments] dedans les composés ; et s'il s'en peut découvrir quelque chose de certain, cela ne se peut faire que par la seule assistance des sens, par le moyen desquels les espèces et notions des choses sont imprimées dans notre esprit. Car tout ce que nous connaissons par notre esprit, nous en avons pris l'origine par l'aide de nos sens. (p. 288)

C'est grâce au sens du toucher très développé dans la peau des mains et du bout des doigts que l'on apprécie la nature des tempéraments, en évitant les douleurs ou blessures causées par l'eau bouillante, la neige très froide, etc. Comme c'est une opération délicate, la détermination d'un tempérament doit être faite par « un homme de très bonne habitude et disposition, et qui soit tempéré selon le jugement de tout le monde ». La part de subjectivité n'en reste pas moins inévitable, dirait-on aujourd'hui.

Après ces longs préliminaires, Fernel en arrive enfin aux considérations essentielles pour la physiologie humaine : quels sont les tempéraments respectifs des différentes parties du corps humain ?

IV. LES TEMPÉRAMENTS DES DIFFÉRENTES PARTIES DU CORPS HUMAIN

Quelques considérations générales guident la classification des tempéraments rencontrés dans le corps humain. Le sang, partout présent, est chaud et humide. Les parties froides, comme les os, sont riches en terre et généralement solides et sèches. Les organes associent des parties plus ou moins chaudes et plus ou moins dures dans leur structure. Ainsi les nerfs du mouvement (les nerfs moteurs) contiennent des parties dures, mais aussi de la chair et du sang, ce qui les rend en définitive ni trop durs, ni trop froids.

1. Classification des parties du corps par chaleur décroissante

> Les esprits sont les parties les plus chaudes de toutes celles qui sont dedans notre corps, et après eux le cœur est moins chaud, puis le sang, après le sang la simple chair, ensuite le foie, la rate, après la rate les reins, et puis suit la peau qui est tempérée. Après icelle, la graisse incline vers le froid, puis le cerveau ; la moelle de l'épine du dos est plus froide que le cerveau, et les nerfs mous sont plus froids qu'elle et après ceux-ci viennent les nerfs durs qui sont propres pour faire les mouvements ; puis la veine, puis l'artère, puis la membrane. Le tendon est plus froid qu'eux tous, ensuite le ligament est plus froid, puis le cartilage ligamenteux, en après le cartilage, auquel l'os est fort proche, puis les cheveux, et en dernier la pituite qui est la plus froide de toutes les choses qui sont dedans notre corps. (p. 295)

2. Classification des parties du corps par humidité croissante

> Les cheveux sont les plus secs de toutes les choses, et après iceux suivent, en leur rang, celles-ci : savoir l'os, le cartilage, le cartilage ligamenteux,

> le ligament, le tendon, la membrane, l'artère, la veine, le nerf destiné pour le mouvement ; et après ceux-ci vient la peau qui est tempérée. De là, passant à l'humide, suit le nerf destiné pour le sentiment [la sensation] ; en après le cœur est plus humide que lui, puis les reins, le foie, la rate, la chair simple. Et après ceux-là suit le poumon, après lui la moelle de l'épine du dos, puis le cerveau, ensuite la moelle des os, et proche de celle-là suit la graisse, et après le sang, et enfin la pituite, laquelle comme elle est la plus froide de toutes les choses qui sont dedans notre corps, de même elle est la plus humide. (p. 296)

Les classifications données ci-dessus doivent être prises avec prudence. Les tempéraments énumérés sont appréciés dans les conditions de la chaleur modérée qui règne dans notre corps. L'environnement dans lequel se trouve plongé une partie du corps peut modifier son tempérament : l'air froid qui arrive dans les poumons, par exemple, peut les refroidir considérablement. Le cœur plein de sang est très chaud ; si, lors de la dissection d'un animal, on trempe les doigts dans le ventricule gauche du cœur, on trouve que c'est la partie la plus chaude du corps ; cependant, quand on vide le cœur de son sang, la chair des parois cardiaques paraît plus froide. Fernel multiplie les exemples de l'influence réciproque des organes les uns sur les autres, aboutissant à modifier leur tempérament intrinsèque.

V. TEMPÉRAMENT GLOBAL DU CORPS

Le « tempérament d'un homme en son entier » est généralement modéré à cause de la balance qui s'établit entre les tempéraments des différents organes. Le tempérament global d'un individu résulte aussi de la circulation des esprits dans son corps.

Le tempérament global d'un homme vivant (ou d'un animal vivant en général) se caractérise par une certaine chaleur. Pour Aristote, cette chaleur est la vie même et se retrouve aussi bien dans les plantes qui se nourrissent et se reproduisent que dans les animaux vivants. Chez l'homme vivant, la chaleur rayonne à partir du cœur, l'organe le plus chaud du corps. Ce qui permet à Fernel de conclure :

> D'où l'on voit et connaît que la chaleur qui, se répandant par tout le corps, gouverne et modère toutes choses, et par le moyen de laquelle la vie y subsiste, et par l'éloignement de laquelle la mort arrive, est différente du tempérament des parties et qu'elle ne provient pas d'eux. (p. 301)

La chaleur vitale est, selon les philosophes, d'origine céleste et circule avec les esprits. Nous reviendrons sur ce point très important au chapitre suivant. La chaleur vitale se dissipe lorsque l'individu meurt et le cadavre est froid.

C'est le tempérament de la peau, qui recouvre tout le corps et qui donc contient tous les organes et tous les esprits, qui donne la meilleure indication sur le tempérament global du corps. Ce tempérament global s'estime en touchant la peau avec les mains en différents endroits. Il est important de constater, ajoute Fernel, que le tempérament global varie d'une personne à l'autre.

VI. VARIATIONS DU TEMPÉRAMENT GLOBAL DE L'HOMME

Plusieurs facteurs peuvent changer temporairement le tempérament global du corps. Fernel énumère les causes suivantes d'échauffement temporaire : la chaleur de l'été, un chauffage trop élevé dans une maison, les bains chauds, l'exercice physique, etc. Au contraire, le tempérament global du corps peut être refroidi par un temps froid, les bains froids, etc. Après la disparition des causes accidentelles, le corps reprend son tempérament initial, car « le tempérament est une ferme et constante habitude du corps » (p. 307). On voit que Fernel suggère ici la notion d'*homéothermie* (constance de la température d'un corps sain) sans pourtant disposer d'aucun moyen de mesure quantitative de cette température. Le thermomètre ne sera inventé par Réaumur qu'au XVIIIe siècle.

En cas de maladie, le changement de tempérament du corps peut persister, à cause de l'échauffement des esprits qui parcourent le corps, ce qui entraîne l'échauffement secondaire des humeurs et des substances molles comme les chairs. Si l'échauffement n'est pas trop grand, les organes retiennent leur forme et le retour à la normale est possible ; mais dès que les formes changent, dès que « les parties faibles et molles » disparaissent, on assiste à un changement complet de tempérament. Les os, ligaments, cartilages résistent mieux à l'échauffement que les parties molles.

Le tempérament change avec l'âge. « Dès notre naissance, écrit Fernel, nous portons dans nous la cause qui nous contraint de changer nos tempéraments pendant le cours de notre vie. » (p. 311) Cette cause, c'est une altération ou destruction quotidienne de nos constituants corporels, « une misère intestine », qu'aucune intelligence humaine, aucun soin ne permettent d'éviter. Au départ de sa vie, chaque animal apparaît très humide, puis en vieillissant, jour après jour, il se dessèche. Fernel distingue ainsi cinq âges principaux :

1. les premiers âges comprenant la *puérilité* (jusqu'à 3-4 ans) puis l'*enfance* jusqu'à dix ans, puis *l'adolescence* jusqu'à 25 ans, passant par la puberté à 18 ans : tous ces premiers âges sont caractérisés par des tempéraments chauds et humides ;
2. le deuxième âge est la *jeunesse*, « l'âge florissant de la beauté, de la férocité et du courage », allant jusqu'à 35 ans, caractérisé par un tempérament global chaud et peu humide ;
3. le troisième âge est celui de la *maturité*, jusqu'à 50 ans ; c'est l'âge où le tempérament global du corps est vraiment modéré ;
4. vient ensuite la première *vieillesse*, jusqu'à 65 ans, pendant laquelle le tempérament devient sec et se refroidit ;
5. survient enfin le dernier âge, que Fernel désigne comme *l'âge de la décrépitude* précédant la mort, âge pendant lequel le corps devient très sec et très froid.

Ce tableau général doit être nuancé, le tempérament de chacun dépendant aussi de son alimentation, de ses mœurs et de son mode de vie.

Dans le denier chapitre de ce *Livre des tempéraments*, Fernel dit son désaccord avec la classification des tempéraments établie par Hippocrate et ses disciples. L'auteur déclare « qu'il ne faut point dire qu'il y ait aucun tempérament bilieux, sanguin, pituiteux ou mélancolique » (titre du chapitre XI). En effet ces noms ne désignent pas des *tempéraments* tels que définis ci-dessus, mais évoquent les *humeurs* qui prédominent dans le corps. Ces humeurs ne sont pas liées aux vrais constituants de l'organisme mais circulent dans les canaux ou s'accumulent dans les tissus. De plus, les humeurs prédominantes changent au cours des cinq âges de la vie. Au premier âge, on trouve une grande abondance de sang pur dans le corps : on ne peut cependant pas évoquer de « tempérament sanguin » pour la plupart des enfants. L'âge mûr est caractérisé par une certaine « modération » de la quantité de toutes les humeurs dans le corps. Quand la vieillesse s'installe, « l'humeur mélancolique » (la bile noire) devient dominante et au cinquième âge, c'est « l'humeur pituiteuse » qui prédomine. Mais de grandes variations peuvent s'observer d'un individu à l'autre.

> L'on en voit beaucoup qui sont dès leur naissance d'un tempérament froid et sec, que vous ne jugerez toutefois pas être aucunement mélancoliques, ni remplis des ordures de la bile noire [...]. (p. 321)

Et Fernel conclut ainsi ce Livre III : « Il n'est pas séant à un expert et habile Médecin d'approprier au corps les noms qui sont propres et convenables aux humeurs. » (p. 323)

V

Les esprits et la chaleur naturelle

Le Livre IV de *La Physiologie* de Jean Fernel, consacré aux esprits et à la chaleur naturelle, était certainement considéré par son auteur comme un des livres les plus novateurs, parce qu'il y développe ses conceptions sur les « fluides » particuliers contenus dans le corps humain, conceptions fournies à la fois par la philosophie des anciens penseurs grecs (Hippocrate, Aristote, Galien) et par les alchimistes du Moyen Âge. Pour le lecteur contemporain, c'est un livre difficile à comprendre et à interpréter, étant donné la part énorme de spéculations fantaisistes liées à cette « chimie » tellement rudimentaire.

I. LA CHALEUR NATURELLE

Dès le premier chapitre de ce Livre IV, Fernel affirme avec force « qu'il y a dedans tous les vivants une espèce de chaleur, et qu'elle est divine » (c'est le titre même du chapitre). Quand les animaux sont vivants, « ils sont remplis d'une chaleur tempérée et modérée » ; quand ils sont morts, ils sont « refroidis » (p. 326). Cela est constaté par « l'excellente autorité des sens seuls » et il n'est pas besoin d'autre démonstration, affirme Jean Fernel. Les plantes vivantes aussi contiennent de la chaleur, bien que moins vive que celle des animaux.

Reprenant ainsi une proposition d'Aristote, Fernel affirme que toutes les fonctions physiologiques accomplies par les êtres vivants sont rendues possibles par cette chaleur naturelle qu'ils renferment.

> Car c'est une constante et certaine opinion que toutes les choses vivantes ont vie, ou vivent, par le moyen de la chaleur qui est renfermée en icelles. Et par son moyen et son assistance, elles attirent leur nourriture, elles la digèrent et elles en sont nourries et sustentées ; [grâce à cette chaleur également] elles croissent et se reproduisent. De plus, les animaux ont le sentiment [la sensation] et le mouvement, et plus leur chaleur interne est grande, forte et abondante, plus ces opérations seront parfaites. Et si cela ne peut être persuadé par aucune raison, il ne faut que considérer et regarder l'excellence

> du soleil, lequel étant le conducteur, le prince et le modérateur du monde, et éclairant par sa lumière toutes les choses vivantes, les fomente [engendre] et les conserve par le moyen de sa chaleur tempérée et modérée, et les excite à faire les opérations susdites. (p. 326)

Les dernières lignes de cette citation sont très importantes pour comprendre la pensée de Fernel : en attribuant une origine solaire à la chaleur interne des êtres vivants, il évoque obligatoirement une origine « supraterrestre », au sens aristotélicien du terme, donc une origine divine. La « chaleur naturelle » ne peut provenir de « l'élément feu ». Le soufre et l'arsenic, qui s'enflamment facilement, sont pleins de « l'élément feu », et cependant ces substances ne vivent pas. De même, dans un cadavre, subsistent les corps composés des quatre éléments fondamentaux, et parmi ceux-ci le feu. Donc la chaleur qui donne la vie ne provient pas des éléments mais d'un principe occulte et caché.

> Il faut que cette chaleur vitale et naturelle provienne d'une source et d'une origine beaucoup plus excellente et qu'elle ne ressemble point à la nature de l'élément feu. (p. 328)

Fernel affirme donc que la chaleur naturelle des êtres vivants est d'origine divine.

II. L'ESPRIT NATUREL, SUPPORT DE LA CHALEUR NATURELLE

Fernel traite ensuite des questions suivantes : quelle substance du corps humain peut servir de support à cette chaleur naturelle entretenant la vie? Où réside cette substance dans l'organisme?

Comme la chaleur naturelle peut sortir du corps lors de la mort d'un être vivant, « il faut par nécessité, déclare Fernel, qu'elle soit hors de la masse du corps et comme quelque chose d'étranger survenu et pris du dehors » (p. 330). Aucune des humeurs du corps décrites par Hippocrate (ni le sang, ni la bile, ni le phlegme) ne pourrait transporter rapidement et sans perte cette chaleur naturelle.

> Et comme la simple chaleur comprise dans le genre et la catégorie de la qualité ne peut passer et vaguer par tout le corps sans siège et véhicule [...], il me semble qu'il a été nécessaire qu'elle fût contenue dans quelque corps fluxible [fluide] et coulant; et n'y ayant aucune humeur qui fut propre et convenable

> à cela tellement qu'elle peut se transporter dans le corps avec une si grande promptitude et célérité, c'est pourquoi il a fallu qu'il y eût une matière très subtile, très prompte et très légère en laquelle fut mise et portée cette chaleur [...]. Et comme cette sorte de matière est très aérée [...], il a fallu qu'en une telle matière fut mise et située la chaleur vitale et qu'elle fût toujours enflammée et brûlante, ainsi que la flamme céleste. (p. 331)

Fernel passe en revue les opinions de nombreux savants et philosophes anciens (Hippocrate, Aristote, Platon, Alexandre d'Aphrodise) qui ont nommé cette matière subtile tantôt esprit, tantôt air ou souffle, parce que tous considéraient que cette matière venait du ciel, et il donne la définition suivante, de l'esprit support de la chaleur naturelle : « L'esprit [naturel] donc est un corps céleste, le siège et le lien de la chaleur naturelle et des facultés, et le premier instrument de toutes les fonctions. » (p. 334)

III. LES TROIS HUMEURS PRIMAIRES ET LES TROIS ESPRITS PRÉSENTS DANS LE CORPS

Les spéculations de Fernel le conduisent ensuite à imaginer qu'il existe, mêlés aux corps composés de l'organisme, trois sortes d'humeurs fondamentales et trois sortes d'esprits. Cette partie de *La Physiologie* correspond très difficilement aux données de la physiologie moderne.

Les trois sortes d'humeurs primaires sont : l'*humide radical*, l'*humeur aqueuse* et l'*humeur alimentaire*. Les trois sortes d'esprits sont l'*esprit naturel* (support de la chaleur naturelle), l'*esprit vital* (qui se forme dans le ventricule gauche du cœur) et l'*esprit animal* (qui se forme dans les ventricules cérébraux).

Humeur alimentaire et humeur aqueuse dérivent de la « coction » (en terminologie actuelle, nous dirions de la « digestion ») des aliments. Une première coction dans l'estomac et les intestins donne « l'humeur alimentaire » ; de celle-ci dérive ce que Fernel dénomme « l'humeur aqueuse », présente dans tous les corps composés, et qui est une sorte de « glu » soudant les éléments les uns aux autres. Fernel affirme que cette « glu » existe dans les corps composés inanimés comme dans ceux des êtres vivants. Il faut bien reconnaître que cette « humeur aqueuse », totalement imaginaire, n'a aucun équivalent en biochimie moderne.

C'est la troisième humeur, « l'humeur première née ou l'humide radical » qui intéresse le plus Fernel. Cet *humide radical* est une humeur grasse et chaude, susceptible de s'enflammer à tout instant ;

c'est la matière où se logent « tant la chaleur naturelle que les esprits ». Cet *humide radical* nous est donné avec la semence lors de notre conception et envahit le fœtus en formation. Cette humeur primaire imprègne toutes les parties de notre corps, ce qui explique qu'aussi longtemps que nous vivons tous nos organes renferment une certaine quantité de chaleur naturelle. Cette chaleur est produite par consommation de « l'humide radical », comme la flamme d'une lampe exige de l'huile comme combustible et de l'air pur pour la combustion.

> L'esprit [supportant la chaleur naturelle] est nourri et sustenté d'une humeur grasse et semblable à l'huile, et qui n'est point cette graisse dont nous voyons plusieurs parties être enduites et environnées, mais qui est bien une autre dissemblable et aérienne, qui est insérée dedans la substance des parties similaires [homogènes], et qui ne se voit point du tout [...]. Cette humeur est le fondement et la première substance tant des esprits que de la chaleur naturelle, laquelle nous appellerons ci-après l'humide radical ou l'humeur première née : car c'est la première et commune de tous les vivants, dans laquelle les esprits remplis de chaleur résident premièrement. [Ni les esprits ni la chaleur] ne peuvent subsister et durer longtemps sans l'aide et l'assistance de cette humeur. (p. 344)

Et Fernel conclut :

> L'humeur radicale et première ou innée, que j'ai dit être l'humeur propre des choses vivantes, en tant que c'est une certaine portion de notre substance reçue dès le premier instant de notre naissance, est différente de l'humeur alimentaire et de l'humeur aqueuse. (p. 346)

On appelle parfois cette humeur primaire : l'humeur naturelle ou l'humide vital.

IV. LES VARIATIONS DE LA CHALEUR NATURELLE

Dès notre naissance, nous recevons une quantité « d'humide radical » telle, que la chaleur et l'humidité du corps ne seront jamais plus grandes dans les âges suivants.

> Les premiers principes de notre naissance [...] ont une si grande abondance de chaleur et d'humidité naturelles, qu'elles ne peuvent point être jamais en un autre âge en plus grande abondance et quantité; l'âge qui est proche

de la naissance a une si grande abondance de ces choses, telle qu'aucun âge suivant ne la peut surpasser. (p. 362)

Bien qu'à la naissance, la chaleur naturelle soit très élevée, la grande humidité qui l'accompagne fait qu'elle reste tempérée et non excessive. Au cours de l'enfance et tout au long des âges suivants de la vie des hommes (et des animaux) la chaleur naturelle décline inévitablement jusqu'à la mort, à cause de la consommation progressive de « l'humide radical ». « L'humide radical est comme la nourriture et l'entretien de la chaleur, car la chaleur est conservée et maintenue par son moyen. » (p. 369)

L'âge s'avançant, par la force de la chaleur, les membres se dessèchent insensiblement et pareillement « la force et la grandeur s'en enfuient ». En l'âge florissant, c'est-à-dire pendant la jeunesse, l'humide radical est déjà rendu plus sec, mais « il y a une très grande force dedans les membres et de très grandes vertus et facultés pour l'opération des fonctions animales » (p. 363). La vieillesse entraîne un grand dessèchement; la chaleur naturelle « diminue et se fane insensiblement ». Malgré la coction des aliments, la chaleur naturelle liée à l'humide radical diminue : le vieillard devient froid et la mort survient obligatoirement.

La succession des saisons de l'année est une autre cause de variation de la chaleur naturelle. Hippocrate (460-360 av. J.-C.), fut le premier à souligner les variations de la chaleur naturelle avec les saisons : ces changements sont équivalents à ceux observés avec l'âge. En hiver, à cause du resserrement des pores de la peau provoqué par le froid, il y a une grande abondance de chaleur en nous, parce que l'esprit naturel, support de la chaleur, ne peut pas s'échapper. En été, en revanche, les pores de la peau sont largement ouverts et « se dissipe la substance de la chaleur qui est semblable à l'air » (p. 371). Le printemps et l'automne apportent une certaine modération dans ces changements.

Mais maintenant, poursuit Fernel, si quelqu'un compare le changement de la chaleur qui se fait par les saisons de l'année, avec celui qui a été causé par le déclin des âges, il reconnaîtra que dedans l'hiver [...] ainsi que dedans le commencement de la naissance ou de l'âge, la chaleur est en très grande abondance et qu'au printemps, il y en a une même quantité que dans l'enfance et l'adolescence, que l'été correspond à proportion à l'âge florissant, et qu'en automne il y a peu de substance de la chaleur naturelle, à cause de l'exhalaison et de l'épuisement qui en a été fait pendant l'été, mais que celle-là est moins âcre qu'en été, d'où vient que l'on peut comparer l'automne à l'âge qui décline et qui est déjà avancé. (p. 372)

Fernel ne s'explique pas sur le regain de chaleur naturelle que l'on doit constater chaque nouvel hiver et il admet que la cause de toutes les variations observées est « une question un peu difficile à résoudre » (p. 373).

V. DIFFÉRENTS ESPRITS SONT PRÉSENTS DANS LES DIFFÉRENTES PARTIES DU CORPS

Dans chaque organe, Fernel distingue trois types de substances, respectivement *solide*, *charneuse* et *spirituelle* :

1. la substance solide contient principalement l'élément « terre » ; cette substance se trouve dans les os et les fibres ;
2. la substance charneuse environne les substances solides. Dans les muscles, la chair se trouve dans les interstices existant entre les fibres ; dans d'autres parties du corps, elle forme la masse des viscères : foie, cœur, reins, rate, poumons, cerveau ; la chair des viscères a été appelée « parenchyme » par les savants grecs de l'Antiquité. Fernel considère que ce parenchyme est du sang coagulé. Dans d'autres parties du corps (intestins, vaisseaux sanguins, nerfs) la substance charneuse forme des membranes ;
3. la substance spirituelle est la matière supportant les trois types d'esprits « errants » (naturel, vital et animal) rencontrés dans le corps.

> Les parties du corps qui sont les principales, savoir le foie, le cœur, le cerveau, excellent et en nature et en esprit fort et puissant, afin que non seulement elles se puissent gouverner et régir elles-mêmes, mais aussi afin qu'elles produisent, comme d'une abondante source et fontaine, d'autres esprits qu'elles envoient par tout le corps par des conduits propres et particuliers. [Sont ainsi envoyés] des esprits propres et particuliers à chaque partie dont elles sont nourries et entretenues, et par ceux-ci ces parties sont portées et excitées à faire et exercer leurs vertus, facultés et fonctions. (p. 378)

Les lignes citées ci-dessus constituent certainement un des thèmes les plus importants de la physiologie de Fernel : ce sont les « esprits » secrétés par le foie, le cœur ou le cerveau qui déclenchent les fonctions accomplies par les différents organes du corps : muscles, nerfs, organes des sens, etc.

L'*esprit naturel* est produit par le foie à partir des aliments et se trouve mêlé au sang généré par la « coction » des mêmes aliments puis envoyé dans le cœur par la veine Cave.

> La plus pure portion de l'aliment et la plus aérée, par la coction, est changée et convertie en la substance la plus pure du sang qui est semblable à une vapeur, laquelle prenant force et vertu tant de l'esprit inné ou naturel du foie, qu'étant entièrement remplie de son abondance, est faite l'esprit naturel, qui est d'autant plus excellent que tout le reste du sang, qu'autant que la vertu et la faculté naturelle qui lui est donnée dès la naissance, excelle la masse ou le corps du foie, et autant qu'il en est porté et envoyé dedans le cœur par la veine cave conjointement avec le sang. (p. 382)

L'*esprit vital* se forme dans le ventricule gauche du cœur par transformation de l'esprit naturel apporté avec le sang en présence de l'air apporté des poumons. Il faut donc que le sang, arrivé dans le ventricule droit du cœur par la veine Cave, passe du ventricule droit au ventricule gauche.

> [L'esprit naturel] est derechef par le moyen de la chaleur naturelle, plus exactement élaboré et changé presque en une espèce d'air, et du ventricule droit du cœur, il passe par des conduits communs et très étroits dedans le ventricule gauche, ou étant tempéré par l'air attiré par les poumons, il se fait une certaine matière à laquelle est donnée la chaleur et la vertu et faculté vitale, et qui produit l'esprit vital qui est répandu par tout le corps par le moyen des artères. (p. 382)

Fernel reprend ici la vieille théorie de Galien qui faisait passer le sang du ventricule droit au ventricule gauche par de petits canaux invisibles traversant le septum interventriculaire. Cette théorie ne sera définitivement abandonnée qu'après la découverte de la circulation du sang, par William Harvey, au XVIIe siècle. Déjà André Vésale, contemporain de Jean Fernel, mettait en doute, dans *La fabrique du corps humain* (1543), l'existence de ces perforations invisibles traversant la cloison séparant les deux ventricules du cœur.

L'*esprit animal*, troisième esprit formé à partir de l'esprit naturel initial, se forme dans le « rets admirable » (imaginaire) et dans les ventricules du cerveau.

> La portion ou la partie d'icelui [de l'esprit vital] qui est portée et enlevée au cerveau par les artères du col [les carotides], étant pour la troisième fois élaborée dans le rets admirable, il est incontinent porté et envoyé dedans les ventricules du cerveau par un autre rets appelé choroïde, où il reçoit de l'aliment et de l'augmentation par l'air attiré et élaboré par les narines.

> Et par la vertu et faculté propre et particulière de l'esprit inné du cerveau, par un certain changement et par une conversion, il est fait esprit animal et presque céleste, bien propre et disposé pour le mouvement et le sentiment, et enfin pour faire toutes les fonctions animales. (p. 382-383)

En conclusion de ce chapitre très important dans la physiologie de Fernel, l'auteur insiste sur la communauté d'origine des esprits présents dans le corps humain, mais aussi sur leurs différences, ce qui leur permet d'accomplir des fonctions différentes.

> La vapeur donc engendrée du sang dedans le foie, si elle est la matière et l'aliment de l'esprit vital, et puis en après de l'esprit animal, elle doit être mise et comptée la première au nombre des esprits. Et autant que l'esprit naturel est différent de l'esprit vital, autant certainement l'esprit vital est différent en subtilité de l'esprit animal ; car l'esprit naturel est semblable à une vapeur, l'esprit vital à l'air et l'esprit animal est céleste. (p. 383)

VI

Les facultés de l'âme

Le Livre V de *La Physiologie* de Jean Fernel est entièrement consacré à l'âme, ses parties et ses facultés. De façon générale, et tout particulièrement dans ce chapitre, l'auteur masque son incompréhension des phénomènes physiologiques évoqués (différenciation des tissus dans le fœtus, nutrition, sensation, mouvement, etc.) en imaginant différentes facultés efficientes pour la réalisation de ces phénomènes, comme l'avait fait Galien avant lui. À cette occasion, Fernel utilise une terminologie complexe qui peut dérouter le lecteur.

I. QU'EST-CE QUE L'ÂME ?

Nous nous intéressons non seulement au corps humain, déclare Fernel, mais à l'homme tout entier qui comprend un corps et une âme. Comme nous avons achevé, poursuit-il, la description du corps matériel, il est temps de considérer l'âme, ses parties et ses facultés, si nous voulons acquérir un savoir complet sur l'homme.

La connaissance de l'âme est très difficile à maîtriser. Inaccessible à nos sens, l'âme ne peut être saisie, dans notre esprit, que par la connaissance de ses fonctions et des opérations qu'elle produit.

Les nombreux actes qu'un homme accomplit tant qu'il est *vivant* ne peuvent en aucun cas être effectués par son cadavre, après sa mort. Comme l'avaient déjà imaginé les savants grecs de l'Antiquité, une entité immatérielle particulière, l'*âme*, confère la vie, la sensation et le mouvement aux êtres vivants ; c'est l'âme qui donne à l'homme vivant toutes les fonctions que possèdent son organisme et son esprit. D'où la définition suivante de l'âme donnée par Fernel :

> Il y a dedans nous une certaine stable et constante cause des actions de la vie, laquelle étant présente, la vie et toute action est faite et accomplie. Et, quand cette cause se retire, la vie se dissipe et se perd conjointement. De cette cause cependant on n'en peut point connaître quelque peu autrement la substance :

> tous disent en effet que c'est l'âme, tellement que l'âme est le principe et la cause des fonctions du corps vivant. (p. 387)

Cette définition de l'âme par Fernel est tout à fait semblable à celle que donnait Aristote, au IVe siècle avant notre ère, dans son traité, *De l'âme*[27].

Au passage, Fernel dénonce une superstition qui voudrait que l'âme quitte l'homme endormi et le rejoigne lorsqu'il s'éveille.

II. LES DIFFÉRENTES PARTIES ET FACULTÉS DE L'ÂME

Pour distinguer les différentes parties et facultés de l'âme, Fernel suit l'exemple « des plus célèbres philosophes » et se propose de progresser, pas à pas, des formes de vie les plus inférieures vers la forme de vie la plus développée et la plus parfaite, c'est-à-dire celle de l'homme. « Les plus excellents Philosophes ont défini l'âme par la vie, et par les différences de la vie, ils ont fait plusieurs types d'âme. » (p. 389)

Les plantes représentent, pour le médecin de la Renaissance, les formes les plus inférieures de la vie : leur seule faculté consiste à pouvoir se nourrir en tirant leur alimentation de la terre. Ces plantes ne possèdent qu'une « *âme naturelle ou appétitive* ».

Les animaux, en plus de l'âme appétitive, possèdent la faculté de « sentir », c'est-à-dire d'éprouver des sensations, et celle de pouvoir se déplacer d'un lieu à un autre : ces facultés nouvelles proviennent de « *l'âme sensitive* ».

Enfin l'homme, en plus des facultés précédentes (pouvoir se nourrir, se déplacer, éprouver des sensations), possède la raison et l'intelligence qui lui sont données par « *l'âme raisonnable et intelligente* ».

Ces distinctions, apparemment simples, soulèvent un certain nombre de difficultés.

> La seule substance de l'âme, écrit Fernel, se montre et se fait paraître par plusieurs vertus et facultés [...]. C'est pourquoi, quand une même essence de l'âme produit plusieurs actions et fonctions, elle dispose en cela de plusieurs facultés, tellement que pour chaque action il y ait sa faculté propre et particulière et qu'il n'y ait pas plusieurs actions d'une même faculté. (p. 395)

---

27. Aristote, *De l'âme*, Paris, Flammarion, 1993.

Donc, tout comme l'âme des êtres supérieurs peut contenir plusieurs parties, chaque partie permet d'accomplir plusieurs fonctions complexes, chacune de ces fonctions étant formée de plusieurs « fonctions efficientes ». Ainsi l'âme de l'homme, intelligente et raisonnable, contient « en puissance » (comme disent les philosophes), à la fois l'âme appétitive présente chez les plantes et l'âme sensitive commune à tous les animaux. De même la sensation, l'imagination, l'initiation des mouvements sont des facultés diverses de l'âme sensitive. La présence de ces diverses facultés varie d'un animal à l'autre : seul le toucher est la sensation commune à tous les animaux, des huîtres, des vers et des mouches jusqu'à l'homme. Mais il y a des animaux qui sont pourvus de sensation sans pouvoir se déplacer : Fernel cite les huîtres, les coquillages ou les éponges. Si on pique avec une aiguille ces organismes immobiles, ils se recroquevillent sur eux-mêmes, ce qui est la preuve de leur faculté d'éprouver des sensations.

Donc l'âme, qui donne la vie aux êtres animés, peut se diviser par la pensée en plusieurs genres ou parties, se manifestant chacune par plusieurs facultés, mais aucune faculté ne saurait subsister isolément sans la « substance » de l'âme. Ces considérations permettent à Fernel de donner une bonne définition des facultés de l'âme.

> La faculté est cette vertu et puissance que l'âme produit comme de sa source, et qu'elle emploie pour faire ses fonctions [...] comme si on la disait être une propriété née avec l'âme et qui lui est donnée dès sa naissance [...]. [Cette faculté] est tellement intime et interne à l'âme, que plusieurs estiment qu'elle est son essence, d'où vient que chaque partie de l'âme est souvent appelée du nom de faculté. Mais celui qui aura un soin particulier de la connaissance parfaite et exacte des noms et des choses, il adaptera le nom de faculté non à l'essence de l'âme, mais aux vertus et facultés qui procèdent d'icelle. (p. 394)

III. COMPLEXITÉ DE L'ÂME APPÉTITIVE

La première partie de l'âme complexe présente chez tous les êtres vivants « supérieurs » (animaux et homme) existe seule chez les plantes : c'est *l'âme appétitive ou naturelle* commune à tous les êtres vivants. Cette âme particulière se manifeste habituellement par trois activités : la nutrition, la croissance et la « génération » (c'est-à-dire la procréation). Ces trois activités correspondant respectivement à trois facultés : *nutritive*, « *augmentative* » (ou faculté de croissance) et « *générative* ». Au cours du développement de l'individu humain, de la conception, puis de la naissance à la mort, le nombre des facultés de l'âme appétitive change.

Pendant le temps où « la femme porte en son ventre le fœtus », les trois facultés coexistent et travaillent ensemble à faire « un même ouvrage », mais la faculté générative domine, étant plus active que les autres. Puis, après la naissance de l'enfant, la faculté générative devient « languissante » et elle « s'abolit incontinent » après la poussée des dernières dents. Pendant l'enfance et la jeunesse, les facultés nutritive et augmentative coexistent, mais c'est maintenant la faculté de croissance qui domine. Après la puberté, la faculté procréatrice (générative) réapparaît tandis que la faculté augmentative s'estompe progressivement. À la fin de l'âge mûr, la faculté générative finit par disparaître et il ne reste, pendant la vieillesse, que la faculté nutritive. La chaleur est nécessaire à la conservation et à l'entretien des différentes facultés de l'âme appétitive et la diminution de la chaleur naturelle au cours des âges de la vie, et parfois un certain défaut d'alimentation, peuvent très bien expliquer la disparition de certaines facultés, au cours de la vieillesse par exemple.

Fernel note encore que les hybrides, comme le mulet, sont « défectueux » en faculté générative.

En vérité, les trois facultés naturelles de l'âme appétitive ci-dessus énumérées (générative, nutritive et augmentative) sont elles-mêmes assez complexes et méritent d'être étudiées en détail par les médecins, déclare Fernel.

IV. COMPLEXITÉ DE LA FACULTÉ GÉNÉRATIVE

Ainsi la faculté générative comporte deux « facultés efficientes », l'une *commutatrice* et l'autre *conformatrice.*

> D'autant qu'il y a pour chaque action une certaine faculté efficiente, certainement en la faculté générative il y en aura deux : savoir la commutatrice et la conformatrice [...] comme deux parties avec lesquelles elle est absolument parfaite et accomplie. L'une [commutatrice] produit de la semence la substance de chaque partie telle que nous la voyons, et l'autre [conformatrice] lui donne la figure, l'assemblage, et la propre et convenable situation qui lui est nécessaire pour ses propres usages et fonctions. (p. 401)

Ce raffinement de terminologie conduit Fernel à attribuer à la faculté générative autant de facultés efficientes commutatrices et conformatrices qu'il y a de tissus organiques différents issus de la semence. Ce sont des facultés commutatrices différentes qui transforment la semence en os, nerfs, membranes, etc. et ce sont des facultés conformatrices différentes qui président au placement et à l'assemblage des divers tissus dans le fœtus. Il faut bien avouer que cette énumération de facultés efficientes appartenant toutes à la faculté générative n'apporte aucune vraie connaissance physiologique et n'est qu'un artifice de la pensée du médecin de la Renaissance pour masquer son incompréhension des phénomènes.

V. COMPLEXITÉ DE LA FACULTÉ NUTRITIVE

De façon identique, Fernel décompose la faculté nutritive en deux facultés efficientes dénommées *assimilatrice* et *engraissante* (ou *accroissante*). La fonction principale de la faculté nutritive est de réparer, par la transformation des aliments absorbés, les substances de notre corps qui ont été consommées par le flux incessant de dissipation de matière accompagnant la vie. Il faut que cette « réparation » continue produise des substances semblables à celles qui ont disparu (c'est l'assimilation) et la production des substances corporelles est plus ou moins copieuse (c'est l'accroissement). La faculté nutritive n'est jamais « oisive » : elle doit agir dans l'organisme, qu'il soit sain ou malade, tout au long de sa vie.

La fonction efficiente assimilatrice convertit les aliments en autant de substances qu'il y en a déjà dans le corps, pour réparer les pertes. On ne peut donc pas la confondre avec la faculté générative qui, par sa faculté efficiente commutatrice, transforme la substance de la semence en une autre substance corporelle (os, nerf, etc.) qui n'existait pas auparavant. En revanche, la faculté efficiente assimilatrice transforme les aliments en substances identiques à celles qui existaient déjà dans le corps.

La faculté efficiente accroissante fait partie de la faculté nutritive et même partiellement de la faculté générative. Elle aboutit à augmenter la masse des tissus corporels et à faire grandir le corps en longueur et en épaisseur. Elle se confond avec la troisième faculté de l'âme appétitive que Fernel avait d'abord distinguée : la faculté dite « augmentative » ou de croissance. Cependant, lorsque l'âge mûr est atteint, et que la croissance s'arrête, la faculté augmentative devient ce que Fernel appelle une faculté engraissante.

Pour accomplir totalement ses fonctions, la faculté nutritive requiert encore l'aide de quatre autres facultés efficientes : ce sont les facultés *concoctrice*, *attractive*, *expulsive* et *rétentive*.

Les aliments, broyés et « cuits » une première fois dans l'estomac, les intestins et le foie, sont envoyés dans tous les organes avec le sang « par le moyen des veines ». Et « l'utile pareillement avec l'inutile » affluent confusément dans chaque partie du corps. Chaque organe puise dans le sang, « pour se les approprier et les assembler à soi-même », les éléments qui lui conviennent grâce à sa *faculté attractive* ainsi définie :

> Il y a une certaine vertu et faculté en chaque partie, laquelle attire et suce ce qui lui est bon et ce qui lui est agréable. Ainsi la plante attire de la terre un suc agréable, ainsi la pierre d'aimant attire le fer et ainsi les médicaments purgatifs attirent chaque humeur du corps par la ressemblance des natures et des substances. (p. 409)

Il est clair que pour Fernel, la « force attractive » des organes fait partie des causes occultes évoquées dans son ouvrage de 1548, *Les causes cachées des choses*, ce qui met la faculté attractive des organes exactement sur le même plan que la force attractive de l'aimant pour le fer.

La faculté attractive de chaque organe s'accompagne toujours d'une *faculté expulsive* qui rejette les éléments inutiles venus du sang nourricier.

> Et s'il y a nécessairement à chaque partie une faculté attractive qui soit née avec elle, il faut aussi de nécessité qu'il y ait conjointement une certaine faculté expulsive, qui chasse dehors ce qui est inutile et superflu. Car comme chaque chose [attire] par le désir et l'amitié qu'elle a avec une chose qui lui est bonne et agréable, de même il est à propos et convenable qu'étant mue et poussée de haine et d'aversion, qu'elle chasse et certainement qu'elle jette dehors tout ce qui lui est nuisible et contraire. (p. 409)

Dans chaque partie du corps, s'ajoutent encore deux facultés efficientes complémentaires des précédentes : la faculté *rétentive* qui retient les éléments choisis par la faculté attractive, et la faculté *concoctrice* qui digère finalement, en les cuisant encore, les éléments ou composés retenus.

> Afin de conjoindre à soi tout ce qui lui est propre et convenable, et pour jouir de sa douceur et de sa bonté, et enfin pour se l'approprier et l'assembler à soi-même, ce que faisant elle [la partie du corps] le contient et le conserve (car autrement elle n'en jouirait jamais), et cependant qu'elle le retient un peu plus longtemps, elle le digère par sa propre chaleur naturelle, elle le change

> et le cuit. C'est pourquoi outre les facultés attractive et expulsive, on peut nécessairement y remarquer la faculté rétentive et la faculté concoctrice. (p. 410)

Toutes les facultés efficientes évoquées ci-dessus : assimilatrice, accroissante ou engraissante, attractive, rétentive, expulsive et concoctrice, composent ensemble la faculté nutritive et il n'est besoin d'aucune faculté supplémentaire, déclare Fernel, pour accomplir la nutrition. Il n'est pas nécessaire, pour l'auteur, d'y ajouter une faculté « appétitive » qui provoquerait le « désir » de chaque partie du corps pour les aliments qui lui conviennent. Les facultés attractives des organes leur suffisent pour attirer les aliments choisis, et ces facultés existent chez l'homme, les animaux et les plantes. De même la faculté expulsive rend inutile un prétendu sentiment de dégoût qu'éprouverait chaque organe pour les aliments qui lui sont nuisibles. Ce qui provoque en définitive l'attraction d'une substance dans une partie du corps (ou même dans une plante), ce n'est pas un désir, une connaissance ou un sentiment, mais seulement la similitude entre la substance attirée et les constituants naturels de la partie du corps (ou de la plante). Ce qui repousse, expulse une substance d'une partie du corps, c'est la dissemblance de cette substance avec les constituants naturels, ce qui suffit à expliquer son caractère nuisible ou inutile.

Ces considérations permettent de comprendre la raison de l'excrétion dans la bile ou dans l'urine des humeurs superflues nées de la coction des aliments :

> La faculté qui sépare les humeurs superflues du sang du foie, c'est la faculté attractive qui réside dans la rate et dedans la vésicule du fiel [la vésicule biliaire]. Et celle qui sépare la sérosité du sang, c'est la même faculté attractive des reins. (p. 416)

Dans toutes les parties du corps, quelle que soit leur constitution, on retrouve la faculté naturelle nutritive. Mais les facultés efficientes plus spécialisées ne se retrouvent que dans certains organes. Ainsi dans l'œsophage, le foie et l'estomac, la faculté concoctrice domine ; dans les intestins, c'est la faculté expulsive qui est dominante… Dans la matrice (c'est-à-dire l'utérus), la faculté attractive pour la semence [le sperme] est très puissante et la faculté rétentive pour le fœtus est aussi très puissante pendant neuf mois mais on n'y trouve aucune faculté concoctrice.

Les organes qui servent à tout l'organisme (« qui ont une fonction publique », dit Fernel) sont de véritables instruments agissant au moyen de leurs fibres, longitudinales, transverses ou obliques. La faculté attractive utilise, dans les organes, les fibres longitudinales ; la faculté expulsive utilise les fibres transversales et la faculté rétentive, les fibres obliques. Ces « raccourcissements » de fibres se font par le seul « instinct naturel » de chaque organe et sont indépendants de notre volonté. Fernel imagine ainsi une sorte de physiologie conditionnée par les seuls mouvements mécaniques des organes, une sorte d'*iatromécanisme* comme on le verra se développer au XVIIe siècle.

> C'est pourquoi on reconnaît la différence des fibres par le nombre des facultés résidentes en chaque partie, [facultés] reconnues par la diversité de leurs fonctions ; comme aussi, au contraire, la diversité des fibres reconnues par les fonctions fait connaître combien il y a de facultés en chaque partie, comme du gosier, de l'estomac, des intestins [...].
> Mais les parties qui n'ont que des facultés propres et particulières, et qui n'ont pas de fonctions publiques, comme les os et les cartilages, encore qu'elles aient toutes les sortes de facultés naturelles nécessaires pour leur nourriture, elles n'ont pas toutefois aucun besoin de fibres. (p. 420)

VI. COMPLEXITÉ DE L'ÂME SENSITIVE : LES FACULTÉS ANIMALES

Après avoir examiné en détail les fonctions des « facultés naturelles » (générative, nutritive, augmentative), Fernel passe à l'examen des « facultés animales ». Ces facultés, dont les plantes sont dépourvues, forment deux grands ensembles. L'un est lié aux organes des sens qui reçoivent des impulsions du milieu extérieur, impulsions donnant aux animaux des sensations (« du sentiment », dit Fernel). L'autre, comprenant les facultés mentales, est lié au fonctionnement du cerveau et permet aux animaux de se mouvoir, de percevoir et de se souvenir.

1. Les facultés liées aux organes des sens

L'effet de l'âme sensitive, « qui domine au-dessus des facultés naturelles dans les bêtes brutes », aboutit à ce que « par l'assistance d'elle seule, l'animal voit, flaire, oit, goûte et touche ». Ainsi, pour Fernel, l'âme sensitive provoque le fonctionnement des cinq sens externes : vue, odorat, ouïe, goût et toucher. Chaque organe des sens possède sa faculté sensitive particulière. Comme chaque objet est composé, selon la philosophie classique d'Aristote, d'une substance et d'une forme, les organes des sens saisissent la forme immatérielle des objets.

Voici, à titre d'exemple significatif, comment fonctionne l'œil, « instrument » de la vision.

> La vision, qui est la faculté de voir, est comme la forme dans l'humeur cristalline de l'œil ; celle-ci, étant claire et transparente, est le premier organe de la vision. Elle est environnée d'humeurs et enveloppée de tuniques ou membranes, qui lui servent, afin que la vision en soit meilleure et plus parfaitement faite et accomplie. Car l'œil voit simplement par le moyen de l'humeur cristalline, mais la vision est entièrement et parfaitement faite par le moyen de l'organe et sous ce sens tombent principalement les couleurs qui sont résidentes dans les extrémités [les parties extérieures] des corps. Car lui seul, sur tous les autres, les connaît et les discerne toutes et nul autre des sens. C'est pourquoi nous définissons la faculté visuelle, celle qui étant dedans l'œil reçoit les couleurs sans matière par un milieu en effet éclairé. (p. 423)

Les nerfs optiques, venus du cerveau, aboutissent, selon Fernel, à « l'humeur cristalline » de chaque œil.

Le principal instrument de l'audition est « un certain air fort subtil » mis au fond des oreilles à la naissance, enveloppé d'une membrane et recevant les sons ; les nerfs auditifs aboutissent à ce petit paquet d'air subtil.

L'instrument de l'odorat est situé « dedans les extrémités du cerveau qui aboutissent en haut du nez », selon Fernel. La faculté gustative réside dans les nerfs répandus dans la langue, le palais et le « gosier ».

> Enfin la faculté du tact ou de l'attouchement n'est point renfermée dedans un propre et particulier organe ou instrument, car d'autant que le sens du tact était très nécessaire à la vie de l'animal, il a été dispersé et répandu également par tout le corps ; il réside principalement dedans les nerfs qui, étant déjà devenus fort durs, se répandent au-dedans et au-dehors, par le moyen desquels elle [la faculté du tact] sent et reconnaît les qualités tactiles de tout le corps. (p. 425)

Ces qualités tactiles sont très variées, indique Fernel : ce sont principalement le froid, la chaleur, la sécheresse, l'humidité, la mollesse, la dureté, la pesanteur, la légèreté, le lisse et le rugueux. Pour toutes ces qualités, il n'y a qu'un seul organe de « l'attouchement ».

Les éléments majoritaires sont différents dans chaque organe des sens : l'œil contient surtout de l'eau dans ses humeurs, l'oreille de l'air dans la partie sensible, l'odorat reçoit des exhalaisons « fumeuses et ignées », les instruments du tact et du goût sont formés avant tout de terre.

À cela se limite toute la physiologie sensorielle de l'ouvrage de Jean Fernel. On notera que si les organes des sens sont bien définis, leur description est très superficielle et les indications données sur leur fonctionnement sont quasi-inexistantes. Pour comprendre le fonctionnement des organes des sens, il faudra encore attendre les recherches en physiologie nerveuse menées au XXe siècle[28].

Fernel passe ensuite (au chapitre VIII du Livre V de *La Physiologie*) à l'étude des « facultés internes de l'âme sensitive ». Cette étude le retient beaucoup plus longtemps que la physiologie sensorielle parce que les spéculations qu'il développe à ce sujet reprennent beaucoup d'idées avancées par les philosophes grecs anciens.

2. Les facultés mentales (internes) de l'âme sensitive

Les « facultés internes » de l'âme sensitive sont « la faculté commune de connaître ou le sens commun, la faculté imaginative et la faculté de mémoire » (p. 428). Le siège corporel de toutes ces facultés internes (mentales) est le cerveau ; Fernel se distingue ainsi d'Aristote qui plaçait beaucoup de facultés mentales dans le cœur.

Le sens commun

Les images tirées des choses affluent dans une région particulière du cerveau appelée le « sens commun ». Ce sens interne est « le juge, l'arbitre et l'estimateur » permettant de discriminer les différentes sensations, « le doux d'avec le blanc, [...] et les différences des choses qui sont sujettes à plusieurs sens » (p. 429). Ce sens commun transforme, pourrait-on dire en termes modernes, les sensations en perceptions.

> C'est par ce sens que nous reconnaissons que par la vue nous voyons, et que par l'ouïe nous entendons. C'est lui qui fait ou qui reconnaît les différences des images, et qui donne son jugement sur icelles, d'où l'on reconnaît que ce sens commun et interne est en quelque façon un et semblable avec les cinq sens externes, et qu'ils sont dérivés de lui comme de leur fontaine ; et que cette première faculté du sentiment est répandue du cerveau dedans les instruments des sens, et qu'elle se sert de leur aide et de leur assistance. [...] Donc la seule et unique faculté du principal sens est celle qui discerne, qui connaît et qui juge des différences des choses. (p. 431)

---

28. Voir Paul Mazliak, *La biologie du XXe siècle*, Paris, Vuibert/Adapt, 2001.

La mémoire

Quand les sens sont stimulés par les objets extérieurs, ils reçoivent des images ou des émanations émises par ces objets, qui excitent le « sens commun » et la « faculté conservatrice » qui retient et emmagasine ces « images et espèces » laissées par les impressions sensorielles. Ces images ou traces persistent dans l'âme sensitive même lorsque les objets extérieurs ont disparu ou ont été retirés ; ces « traces sensorielles » sont donc, en quelque sorte, « gravées » dans l'âme sensitive.

Fernel distingue deux sortes de mémoires : la *mémoire passive* (« patiente et souffrante ») et la *mémoire active* (« agente »). La première enregistre spontanément les « images » fournies par les impressions sensorielles et cet enregistrement est facilité par la répétition des mêmes impressions sensorielles. La deuxième résulte forcément d'une réflexion sur les images, la recherche active d'une ressemblance entre une image et un objet, et cette recherche nécessite souvent la connaissance du temps passé depuis l'enregistrement passif d'une image. La mémoire active, pour Fernel, est en vérité une « ressouvenance ».

L'imagination ou la « phantaisie »

C'est la troisième faculté interne de l'âme sensitive. Utilisant les images gravées dans la mémoire, l'imagination les assemble, de façon parfois incongrue, faisant naître des « fantômes ou des chimères » comme des hommes volants ou des bœufs ailés.

Fernel se révèle adversaire de toute localisation cérébrale des facultés internes (mentales) de l'âme sensitive. Il réfute les affirmations de certains philosophes arabes, Avicenne[29] notamment, plaçant le sens commun et l'imagination dans la partie antérieure du cerveau et la mémoire dans la partie postérieure. Il est contre ces localisations car, pour lui, chacune de ces facultés appartient à tout le cerveau. (La neurophysiologie du XXe siècle affirmera, au contraire, la réalité des localisations cérébrales.)

Aux trois facultés mentales précédemment décrites (perception et discrimination des impressions sensorielles, mémoire et imagination) Fernel ajoute la faculté de dormir puis celle de rêver. « Quiconque a le sentiment, écrit-il, a aussi la veille et le sommeil. » (p. 436) Le songe se produit chez l'homme endormi quand il assemble involontairement les images conservées par la mémoire. Au cours des rêves, le travail

---

29. Voir Paul Mazliak, *Avicenne et Averroès. Médecine et biologie dans la civilisation de l'Islam*, Paris, Vuibert/Adapt, 2004.

de la faculté imaginative, de la fantaisie, est tout à fait possible. La fin du sommeil, le retour à la veille, efface généralement la plus grande partie des rêves.

3. L'appétit (le désir) et le mouvement

Fernel désigne par « appétit » ce que nous nommons couramment le désir. « Outre les facultés de sentir et de connaître, il y a une certaine autre faculté d'appéter et de désirer qu'on appelle l'appétit » déclare-t-il (p. 438). C'est pour lui « la suprême faculté de l'âme sensitive », présente chez l'homme et tous les animaux, et cette faculté de désirer provoque le mouvement (« la faculté mouvante »).

L'appétit

Fernel étend même, de façon étrange, la notion de désir (« d'appétit ») aux plantes (qui attirent à elles les aliments fournis par la terre) et aux choses inanimées agitées par un mouvement naturel. Cependant seuls les animaux et l'homme, possédant tous une âme sensitive, peuvent être mus par un véritable désir. En effet, quand la « bête brute » ou l'homme désirent quelque chose, soit qu'ils la voient, soit qu'ils en aient le souvenir, ils partent à sa recherche, ce qui provoque le mouvement.

Divisant l'âme sensitive, la nature a placé de grands désirs « dedans les testicules et les parties honteuses » : ce sont les désirs sexuels (la concupiscence, dit Fernel). Il y a également de grands désirs dans l'orifice de l'estomac : c'est ce que nous appelons la faim, l'appétit proprement dit. Fernel ajoute que la nature a placé des « appétits » particuliers dans le cœur : l'ambition et la colère; il en revient ainsi à de vieilles notions avancées par Aristote.

Un autre appétit naît du cerveau, correspondant à ce qui est souhaité avec raison; cet « appétit raisonnable » obéit au conseil et à la volonté de l'esprit. « C'est la volonté libre, qui est propre et particulière à l'homme et qui est la Reine et souveraine de toutes les autres. » (p. 441) Finalement, Fernel propose de distinguer trois sortes d'appétits : le « naturel » qui existe seul chez les plantes, « l'animal » commun à tous les animaux et le « raisonnable » propre à l'homme. Ce qui revient à donner à chaque partie de l'âme son propre appétit.

L'animal se meut et progresse vers la chose qu'il estime bonne et agréable; en revanche, il fuit la chose qui lui paraît nuisible. La connaissance née des informations données par les sens puis le désir né de cette connaissance, sont donc, en dernière analyse, la cause du mouvement des animaux, comme l'avait déjà proposé Aristote, reconnaît Fernel. Cependant il estime que le savant grec n'a pas assez clairement distingué les « nerfs du sentiment » (c'est-à-dire les nerfs sensitifs) de ceux du mouvement (nos nerfs moteurs). D'ailleurs, les huîtres et les coquillages, a-t-il déjà dit, ont la sensation mais n'ont pas le mouvement. Ces animaux inférieurs sont donc, pour l'auteur, dépourvus de vrais nerfs moteurs.

Discutant les cas de paralysie observés chez un homme ayant conservé toutes ses facultés mentales (sensation, mémoire, raisonnement), ou au contraire considérant les cas d'agitation extrême chez les hommes ayant perdu toute raison, Fernel en arrive à proposer des localisations différentes pour les parties sensitives et les parties motrices du cerveau.

> Il est très évident et manifeste que la faculté mouvante est faite, réglée et gouvernée d'ailleurs que par la faculté appétitive, et qu'elle est différente d'icelle. Enfin elles sont situées en des lieux et parties distincts et séparés. Car la faculté mouvante est située dedans tout le corps du cerveau, et principalement en la partie postérieure que les Grecs appellent *parencephalida* c'est-à-dire cervelet, duquel naît la moelle de l'épine du dos comme une queue, comme aussi plusieurs nerfs motifs, et la faculté sensitive et appétitive réside dedans la partie de devant du cerveau, qui constamment jette et répand des nerfs sensitifs et ceux mols dedans les organes des sens. (p. 445)

Ces fausses localisations des aires cérébrales motrices et sensitives ne seront définitivement abandonnées qu'au XXe siècle. Au XIXe siècle encore, François Magendie, créateur de la physiologie expérimentale, a dû lutter contre les tenants de ces vieilles localisations[30].

Les instruments (organes) du mouvement

La substance constitutive du cerveau est tout entière le siège des facultés mentales (sens commun, imagination, mémoire). « Les ventricules internes, en tant qu'ils sont les réservoirs des esprits, sont destinés pour être les organes et les instruments du sentiment et du mouvement. » (p. 447) Et Fernel précise : les deux ventricules « de devant » (sans doute la partie antérieure des deux ventricules) servent pour le sentiment (les sensations), celui « du milieu et dernier » (s'agit-il du troisième ventricule ?) pour le mouvement.

---

30. Voir Paul Mazliak, *François Magendie, bouillant créateur de la physiologie expérimentale au XIXe siècle*, Paris, Hermann, 2012.

Les nerfs naissent de différentes parties du cerveau et ils ont des fonctions différentes. Tous les nerfs sensitifs sont mous et naissent de la partie antérieure du cerveau. Les nerfs du toucher sont à peine plus durs que les autres nerfs sensitifs, parce que leur extension est plus grande, en direction de la peau et des viscères internes. En revanche, tous les nerfs moteurs, sortant de la partie postérieure du cerveau, du cervelet et de la moelle épinière sont très durs : ils aboutissent aux muscles et transportent le pouvoir effectif de donner du mouvement. « Le propre organe ou instrument du mouvement volontaire est le muscle[31] », déclare Fernel.

Dans le cerveau, les zones sensibles aux sensations (notamment du toucher) sont les méninges, pour l'auteur de *La Physiologie*. Dans les nerfs, les membranes enveloppantes, se raccordant aux méninges, peuvent transmettre les sensations. D'un autre côté, la moelle de tous les nerfs moteurs se raccorde à la moelle épinière et c'est par l'intermédiaire de cette moelle que se transmettent les pouvoirs moteurs. Les nerfs moteurs renferment une grande quantité de moelle tandis que les nerfs sensitifs en renferment très peu.

Toutes ces affirmations de Fernel sont de pures spéculations, tout à fait arbitraires, malgré les précisions données, et ne correspondent à rien en physiologie moderne.

4. Les facultés de l'intelligence

L'intelligence est la principale partie et la reine de toutes les parties de l'âme, « de laquelle l'homme étant doué, il excelle par-dessus tous les autres animaux ». Grâce à l'intelligence, « seul, l'homme connaît les notions et les formes universelles des choses » (p. 456). Ces formes universelles (nous dirions en termes contemporains : ces concepts) sont « séparées et nues de toute sorte de matière ».

L'intelligence n'a besoin, pour fonctionner, d'aucun instrument corporel. Donc, déclare Fernel, « l'intelligence est simple, incorporelle, séparée, impassible, immortelle et éternelle, approchant de l'essence divine, qui est donnée à l'homme divinement et du dehors » (p. 457).

Cependant l'intelligence n'est pas indépendante de l'âme sensitive parce qu'elle travaille sur les sensations fournies par les organes des sens et les perceptions données par le « sens commun ». « Celui qui n'a aucun sentiment, écrit Fernel, il ne peut point apprendre ni comprendre aucune chose. » (p. 457) Les premières et simples notions

31. *La Physiologie*, Livre V, chapitre IX, p. 451.

de l'intelligence procèdent des images des objets extérieurs données par les organes des sens. Ces images, dépouillées de toute matière, sont contenues dans le « sens commun ». Dès lors, nous dit Fernel, il faut bien qu'il y ait, dans l'intelligence, une faculté permettant de tirer des images immatérielles des notions pures, « dépouillées des taches et ordures de la matière ». Comme les philosophes péripatéticiens, disciples d'Aristote, Fernel nomme cette faculté de tirer des schémas abstraits à partir des images du « sens commun » : *l'intelligence passive ou patiente.*

Cette forme d'intelligence doit être complétée par l'action d'une autre forme : *l'intelligence active ou agente* (« la plus noble et la plus excellente ») qui examine les schémas abstraits réalisés par l'intelligence passive et transforme ces schémas singuliers en notions universelles (nos concepts modernes).

> Toutes et chacune des images et notions des choses que l'esprit reçoit par le moyen de l'intelligence patiente, puis en après les examinant et considérant par le moyen de l'intelligence agente, il les connaît premièrement singulières, et incontinent après il fait d'icelles des formes universelles. Et maintenant on remarque et l'on reconnaît ici deux facultés de l'intelligence, l'une patiente et l'autre agente. (p. 459)

L'intelligence humaine utilise de plus tous les concepts élaborés par l'intelligence agente pour les assembler de diverses façons, en tirer des connaissances, des jugements, des opinions, des projets d'action ou bien pour inciter l'esprit à une certaine contemplation des « matières éternelles » (les astres, sans doute). Pour réaliser toutes ces opérations, l'intelligence humaine dispose d'un certain nombre de facultés efficientes : *faculté d'assemblage ou de composition* permettant de rassembler plusieurs notions en une seule ; *faculté de jugement* permettant « de discerner ce qui est vrai ou ce qui est faux, ce qui est bon et honnête ou ce qui est mauvais et pernicieux ». Fernel ajoute encore la *faculté d'action* ou *de création*, la *faculté de prudence*, la *faculté de délibération* et surtout la *faculté de raisonner ou de « ratiociner ».*

> Nous acquérons par l'induction ou par la ratiocination, la science ou l'opinion, et ce par le moyen et l'assistance de la faculté que l'on appelle ratiocination. Et au-dessus de toutes ces facultés, la faculté contemplative paraît et excelle qui est portée et mue du désir de la connaissance de la sagesse et des choses éternelles. (p. 460)

Toutes ces facultés de l'intelligence permettent à l'homme d'avoir une conduite morale, bonne et honnête, à condition qu'il en ait la volonté, car il dispose du libre-arbitre. « Ici est la volonté, souligne Fernel, qui n'est pas certainement simple et téméraire mais libre et laquelle, par l'opinion d'un certain bien conduite avec conseil, choisit et élit ce qui est bon et utile. » (p. 461) « L'intelligence est la cause efficiente et l'opératrice de toutes les actions les plus excellentes qu'il [l'homme] fait. » (p. 456)

Beaucoup de ces choses relèvent finalement de la philosophie conclut Fernel.

VII. LA FACULTÉ VITALE

L'étude de la faculté vitale de l'âme, par Fernel, se présente d'abord comme une discussion des opinions des grands philosophes grecs sur ce sujet ; l'auteur n'apporte lui-même aucune considération vraiment originale.

Pour Aristote, la faculté nutritive est aussi la faculté vitale, parce que « tant que la vie dure, la nutrition persiste » (p. 463). Il appelle la chaleur qui aide à « cuire » les aliments : chaleur naturelle ou chaleur vitale. Cette chaleur vitale est « très abondante et puissante dans le cœur » (p. 464) et de là elle se répand dans tout le corps. Le cœur est d'ailleurs, lors de la conception du fœtus, le premier organe à être formé ; juste avant la mort naturelle, c'est le dernier organe à fonctionner. Il est d'ailleurs placé au milieu du corps, ce qui est la place « la plus noble ».

Selon le philosophe grec, le cœur est la principale « officine de la confection du sang » qui s'écoule soit par les veines (sang nourricier), soit par les artères (sang chargé d'esprits). Aristote fait même du cœur le siège de l'âme sensitive ; donc il fait aussi partir du cœur les nerfs du « sentiment » (sensitifs) et du mouvement (moteurs). Fernel avance l'idée que les raisonnements d'Aristote sont si pertinents « qu'on ne peut les renverser par aucun argument » (p. 468).

Cependant « les Médecins qui suivent Platon ont séparé la faculté vitale des autres » (titre du chapitre XIII du Livre V). Pour Platon, en effet, outre les parties de l'âme que l'on tient pour assurées (nutritive, sensitive et raisonnable), il y en a une autre, produisant la faculté vitale qui est située dans le cœur. Les battements continus du cœur et des artères ne sont pas provoqués par l'âme sensitive ou animale parce que celle-ci ne provoque que les mouvements volontaires. Or les battements du cœur sont strictement *involontaires*, continus et ininterrompus, sans stimulus ni cause apparente. La faculté opératrice de ces mouvements est la faculté vitale. Le cœur n'exige qu'un certain refroidissement (apporté par l'air des poumons) et la chaleur n'est pas la cause des battements cardiaques.

Dans les cas de léthargie, le corps des sujets atteints est privé de sensations et de mouvement, mais leur faculté vitale persiste. En résumé, pour Platon, l'action capitale de cette faculté supplémentaire de l'âme consiste à maintenir l'intégrité du corps, à lutter contre la désintégration et la mort.

En définitive, au chapitre XIV du Livre V, Fernel se rallie à l'opinion qu'il existe trois grandes facultés de l'âme, siégeant dans des organes différents :

- la *faculté naturelle ou nutritive* utilisée pour la transformation des aliments dans tout l'appareil digestif situé au-dessous du diaphragme (estomac, intestins, foie). Le sang nourricier, contenant les produits de la digestion élaborés dans le foie, est envoyé dans tout le corps par les veines (selon la grave erreur de Galien reprise par le médecin de la Renaissance) ;
- la *faculté animale* (« sensitive et mouvante ») siégeant dans le cerveau. Les nerfs transmettent les sensations, des organes des sens vers le cerveau (notamment vers les méninges) et les impulsions motrices sont transmises aux muscles par le cervelet, la moelle épinière et la moelle des nerfs. Chez l'homme, l'âme sensitive du cerveau s'enrichit des facultés de l'intelligence ;
- la *faculté vitale* siège dans le cœur, recevant l'air des poumons pour élaborer le sang parfait. Le cœur distribue, par les artères, ce sang chargé « d'esprit vital » dans tout le corps. Les battements du cœur, involontaires et ininterrompus, n'obéissent qu'à la faculté vitale. Fernel résume ainsi sa position :

> Donc de leurs propres actions et fonctions, et de la méthode de cure et de guérison [appliquée quand un organe est lésé], il semble qu'il faut mettre et placer la faculté nutritive dans le foie, l'animale et la sensitive dans le cerveau et l'autre vitale dedans le cœur. (p. 477)

Il réfute ensuite longuement les opinions des adversaires de ce tableau et les traite de « sophistes qui criaillent contre ces raisons parce qu'ils ne veulent pas reconnaître les témoignages des sens ». Ils voudraient encore que le cœur soit le siège unique de l'âme et de toutes les facultés, ce qui est manifestement faux.

VIII. NÉCESSITÉ DE LA FACULTÉ VITALE POUR LA VIE ANIMALE

Dans une série de développements que l'on peut juger un peu répétitifs, Fernel s'efforce de démontrer la nécessité de la faculté vitale pour la vie des animaux. Par exemple, il constate que les plantes vivent aussi bien que les animaux. Mais la vie des animaux est d'une essence supérieure à la vie des plantes. Ainsi la nutrition des animaux est beaucoup plus compliquée que celle des plantes qui se nourrissent directement d'un « suc impur et immonde tiré de la terre » (p. 491). En revanche, la « coction » des aliments chez les animaux est longue, nécessitant plusieurs organes et s'achevant dans le foie. De là, il faut bien que le sang nourricier soit envoyé vers toutes les parties du corps et le cœur est l'organe qui envoie la nourriture à tous les organes par la propulsion du sang dans les vaisseaux.

De même, chaque partie isolée d'une plante peut redonner un organisme végétal entier, comme on le voit par exemple lors des opérations de bouturage. *A contrario*, aucune partie isolée d'un animal susceptible d'effectuer des mouvements volontaires n'est douée de ce pouvoir de régénération. On peut le trouver seulement chez les animaux les moins parfaits, comme les insectes ou les vers, dit Fernel.

Les battements du cœur distribuent, par les artères, le sang chargé de « l'esprit vital » qui se forme dans le ventricule gauche après l'arrivée de l'air venant des poumons. Ces battements distribuent aussi une grande partie de la chaleur naturelle qui est très intense dans le cœur. Ainsi, dans tous les animaux, le cœur, siège de la faculté vitale, assiste le foie, le cerveau et tous les organes dans la réalisation de leurs fonctions efficientes : nutritives, sensitives ou motrices.

> Car la nécessité de la faculté vitale est si grande, écrit Fernel, que, sans son aide et son assistance, les autres ne peuvent rien faire ni subsister un moment. [...] Elle contient et maintient ensemble la fermeté et la stabilité de toutes les autres parties. Elle provient et coule du cœur avec l'esprit et la chaleur naturelle ; et la mort est l'extinction de la vertu et de la faculté vitale et de toutes les autres facultés. [...] Enfin cette faculté vitale n'est point une partie de l'âme, d'autant qu'elle n'est point toute seule en aucune part, et parce que par son aide et son assistance, il n'y a rien qui vive étant séparé et divisé, mais c'est une certaine faculté très grande et principale de toute l'âme, qui l'accomplit et la perfectionne, qui la maintient et qui la conserve, et enfin qui l'unit et l'assemble comme étant son union et son lien. (p. 496)

Cette définition demeure bien vague. Finalement, comme bien d'autres avant et même après lui, Fernel ne sait pas définir précisément ni ce qu'est la vie ni ce qu'est cette faculté vitale qu'il loge dans le cœur.

Fernel loge encore dans le cœur, comme l'avait déjà fait Aristote, un certain nombre de facultés ou de sentiments relevant du comportement ou de la morale : l'ambition, l'avarice, la colère, la crainte, la joie. Ces comportements ou ces désirs, nés dans le cœur, ne peuvent se réaliser sans s'associer aux facultés de l'âme raisonnable ou de l'âme sensitive.

IX. L'HARMONIE RÉGNANT ENTRE LES FACULTÉS DE L'ÂME

Fernel termine ce Livre V de *La Physiologie*, consacré à l'étude des facultés de l'âme, en insistant sur la coexistence harmonieuse de ces facultés dans le corps. « Car, écrit-il, elles sont unies et disposées de telle sorte et manière entre elles par un mutuel concours, que chacune d'icelles ne subsiste point sans l'aide et l'assistance de toutes les autres. » (p. 497)

Fernel se résout, malgré tout, à établir une certaine hiérarchie entre les facultés :

> Car véritablement la faculté nutritive est la première de naissance, puis la faculté vitale et enfin la faculté animale. La première et la principale de toutes en excellence et en noblesse est la faculté animale, puis après la faculté vitale et la troisième, la moins noble et la moins excellente est la faculté nutritive, car celle-là est commune aux plantes viles et abjectes. (p. 499)

Fernel conclut cependant par cette affirmation finale : l'âme humaine, avec toutes ses composantes, est « simple et non divisée » selon les facultés qu'elle recèle.

VII

Les fonctions et les humeurs

Le Livre VI de *La Physiologie* étudie de manière approfondie les diverses fonctions permettant la vie de l'organisme humain, ainsi que les différentes « humeurs » (liquides, sérosités, sécrétions) que cet organisme peut contenir. Ce sixième livre se présente véritablement comme un traité complet de physiologie humaine, utilisant tous les éléments et toutes les notions détaillés dans les cinq livres précédents de l'ouvrage. Pour le lecteur contemporain, ce sixième livre fait donc le point sur l'état de la physiologie à la Renaissance. Le lecteur actuel pourra constater, à cette occasion, que les médecins et biologistes de cette époque reprennent, pratiquement sans changement, la « théorie des humeurs » avancée par Hippocrate au IVe siècle avant notre ère.

Les fonctions de l'organisme que Fernel va successivement passer en revue dans ce sixième livre sont les suivantes : la nutrition du corps et la digestion (« coction ») des aliments, l'élaboration du sang et la formation des humeurs secondaires qui accompagnent cette « coction » particulière, le mouvement du sang dans les veines, les fonctions « animales » (sensation et mouvement), les fonctions de l'esprit (mentales), les battements du cœur et la respiration.

En préambule à cette reprise de l'exposé de la physiologie humaine globale, Fernel, qui a déjà dénombré et localisé les facultés du corps dans le livre précédent, annonce ce qu'il compte maintenant faire :

> Je désire [...], par le moyen des facultés comme des causes, montrer et enseigner séparément et distinctement, par quelle façon et manière et par quel ordre, se servant de leurs esprits, de leurs parties et de leurs tempéraments, comme de leurs instruments, elles [les parties du corps] font et accomplissent toutes leurs fonctions et toutes leurs actions. (p. 515)

Il s'agit donc, pour notre auteur, d'entrer dans le détail des mécanismes permettant à chaque organe d'accomplir la fonction qui lui est associée. Cette tentative, par Fernel, de dépasser la simple explication directe (et métaphysique) du fonctionnement physiologique par l'évocation d'une faculté abstraite entraînant la fonction, nous paraît très remarquable. Une telle démarche s'apparente quelque peu, en effet, à l'examen rationnel et scientifique du fonctionnement des organes ; il lui manque cependant l'approche expérimentale pour qu'elle puisse être validée, même provisoirement.

I. LA NUTRITION

Fernel déclare d'emblée que la nutrition est la première et la principale fonction naturelle. La seule matière sur laquelle travaille la nutrition est constituée par les aliments « pris et reçus » et l'opération initiale réalisée par cette fonction est la préparation de la matière nourricière dans l'estomac (figure 9).

Les aliments solides sont d'abord morcelés (incisés) et mâchés par les dents, puis imprégnés de « pituite » (une des quatre humeurs de l'organisme reconnues par Hippocrate) dans la bouche. Ils sont ensuite propulsés par divers mouvements d'agitation de la langue dans le « gosier » (puis dans l'œsophage) qui est « la voie, l'orifice et le passage commun par lequel ils tombent dans le ventricule », c'est-à-dire dans l'estomac.

1. Formation du chyle

L'estomac est « le réservoir du boire et du manger » : il attire les aliments « hors du gosier » par la contraction des fibres longitudinales situées dans la tunique interne de l'œsophage. De la même façon, ces fibres longitudinales se contractent dans la tunique interne du « gosier » pour attirer les aliments hors de la bouche. En outre, les fibres transversales de la tunique externe de l'œsophage, en se contractant, chassent le bol alimentaire dans l'estomac. Les fibres obliques de la tunique externe de l'estomac, en se contractant, manifestent la faculté rétentive par laquelle « l'estomac enserre et embrasse » la nourriture qu'il contient.

> L'appétit aiguise et excite l'attraction du ventricule, et en ceux qui ont une extraordinaire faim et appétit, le chassement et le poussement des viandes dedans le ventricule se fait bien plus promptement et plus vite. Car, quand il y a une grande et excessive faim, l'estomac arrache bien souvent les viandes encore qu'elles n'aient pas été bien entièrement mâchées avec les dents dedans la bouche. (p. 517)

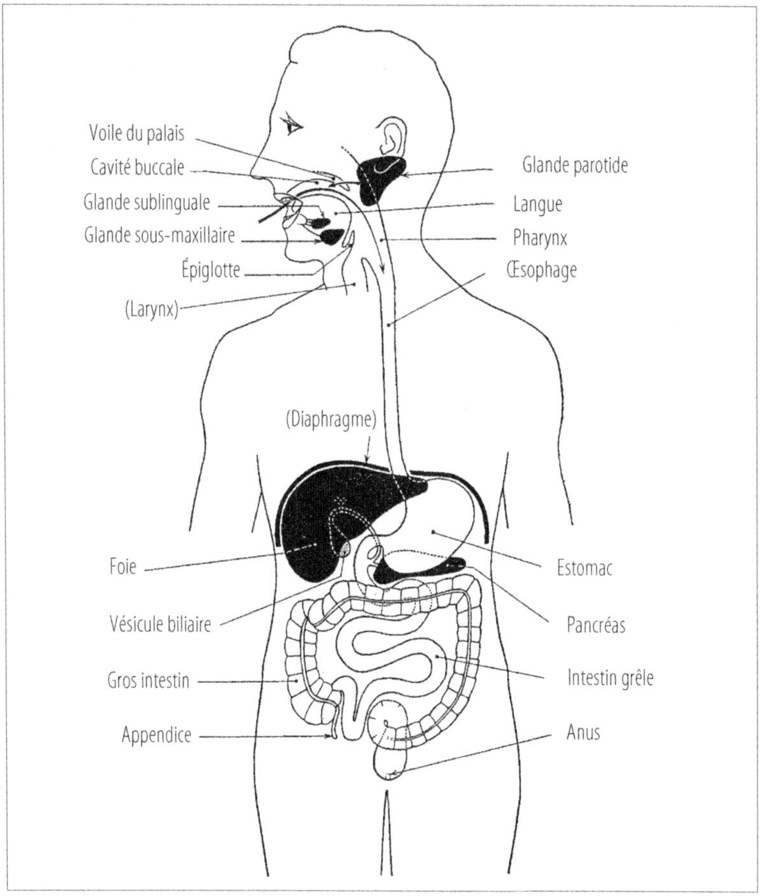

Figure 9. Représentation schématique contemporaine de l'appareil digestif montrant les « viscères internes » énumérés dans le texte de Fernel concernant la nutrition.

Pour que la digestion des aliments, c'est-à-dire pour Fernel, leur « coction » (ou cuisson) dans l'estomac se déroule correctement, il faut que l'organe soit bien plein et que l'orifice de communication avec l'intestin grêle (le pylore) soit fermé. Il ne doit subsister aucun espace vide à l'intérieur de l'organe.

L'agent de la « coction » des aliments est la chaleur naturelle de l'estomac ainsi que la chaleur provenant des organes proches de l'estomac repérés par Fernel : foie, rate, cœur, diaphragme, omentum et veine Cave. S'y ajoute aussi – et cela est bien mystérieux – « la propre et occulte propriété de la substance de l'estomac » (p. 519).

> Le temps certain et limité de la coction est celui qui dure tant que soit faite et accomplie l'entière et parfaite coction : pendant lequel temps la faculté concoctrice change et convertit tout le boire et le manger, et certainement sans aucune aide ni assistance des fibres, mais par sa propre et particulière chaleur naturelle et son esprit inné, qui lui sert comme un feu qui est mis sous un grand pot ou chaudron. (p. 518)

Il faut remarquer que, dans ce paragraphe, Fernel ne fait pas appel aux phénomènes mécaniques déclenchés par les fibres pour expliquer la transformation des aliments ; il s'en tient à la chaleur naturelle et à « l'esprit inné » de l'estomac comme agents de la digestion. La première mixture résultant de la transformation des aliments dans l'estomac donne une sorte de crème homogène : c'est le produit d'une opération initiale que Fernel nomme la *concoction* et qui est en vérité une préparation à la coction définitive. Celle-ci se produit dans un deuxième temps et donne le *chyle*, propre à nourrir certains animaux. Cette coction s'observe particulièrement bien chez les oiseaux.

> La coction n'est pas seulement faite par la force, la vertu et l'ardeur de la chaleur, mais aussi par le moyen de toute la substance du ventricule et par la propriété naturelle occulte et cachée que nous avons dite. [...] Ainsi les petits oiseaux cuisent et digèrent les grains et semences très dures et très arides, et tous changent et digèrent toutes sortes de choses crues, qu'à peine un homme oserait penser pouvoir le faire. [...] Car toutes sortes d'aliments propres et convenables, que le ventricule aura reçus, il les change et les digère ensuite, et ils lui communiquent toutes ses qualités et toutes ses vertus et ses facultés naturelles. (p. 520)

Nous passons sur une exagération de Fernel qui mentionne ici que les autruches peuvent digérer même le fer !

Parce que les aliments, au cours de la coction, perdent leur odeur et leur saveur naturelles pour être changés en crème puis en chyle, quelques Anciens, déclare Fernel, ont « faussement confondu » coction et putréfaction. Il s'agit pourtant, pour notre auteur, de phénomènes bien différents puisque tous les produits de la digestion sont profitables à l'organisme, alors que ceux de la putréfaction sont souvent nuisibles. Cette remarque nous permet de constater que Fernel, dans son étude de la digestion, ne fait jamais appel à des transformations chimiques (comme il s'en produit au cours des putréfactions). Il réduit la digestion des aliments à des opérations purement physiques : morcellement des parties solides (par les dents puis les fibres), dissolution par la « pituite », et finalement cuisson (dénaturation, coagulation) sous l'effet de la chaleur.

2. Transport du chyle vers le foie

Les animaux inférieurs dépourvus de sang (les coquillages, les huîtres et les vers) sont nourris directement par le chyle, un suc qui n'a pas de ressemblance avec le sang. Ce n'est pas le cas pour l'homme et pour les animaux pourvus de sang : ces êtres vivants exigent du sang pour se nourrir et le convertir en leur propre substance. Ainsi l'estomac ne travaille pas « pour son propre plaisir » ; même s'il prélève au passage un peu de chyle, il n'est véritablement nourri que par le sang *qui lui arrive par des veines provenant du foie* (ce qui constitue une grave erreur de Fernel). À ce sujet, l'auteur signale une erreur de Galien qui considérait que la tunique interne de l'estomac était nourrie par le chyle et la tunique externe par le sang. Il affirme que les deux tuniques stomacales sont nourries par le sang. Fernel remarque encore que le fœtus, au cours de sa vie utérine, ne reçoit aucun chyle de l'estomac et qu'il est nourri directement par le sang venant de la mère.

Quand la coction des aliments est achevée, l'estomac est dilaté. Le pylore s'ouvre alors et le chyle, ainsi que les aliments ou déchets superflus, sont expulsés dans l'intestin grêle par la contraction des fibres transverses de l'estomac. L'intestin grêle fait « une très grande circonvolution et de nombreux détours ». Le chyle y séjourne donc un certain temps pendant lequel la transformation des aliments se poursuit parce que les « facultés altératrice et commutatrice » de l'intestin ne restent pas « oisives ». Les résidus de ces transformations forment les excréments qui passent dans le gros colon et dans l'ampoule rectale où ils sont retenus provisoirement par la contraction volontaire du sphincter anal « qui ne laisse passer aucune chose que la raison et la volonté ne le commande » (p. 528).

Les veines mésentériques, d'abord de très faible calibre près de l'intestin grêle, puis grossissant progressivement en convergeant vers « les veines Portes » du foie, transportent le chyle vers cet organe (figure 10). Mais comme la véritable nutrition des intestins se fait par le sang arrivant du foie, également par les veines mésentériques, il se produirait donc dans ces vaisseaux sanguins, selon Fernel, de véritables allers et retours, un courant transportant le chyle des intestins vers le foie et un autre, de sens contraire, transportant le sang nourricier du foie vers les intestins. Ce dernier courant est purement imaginaire.

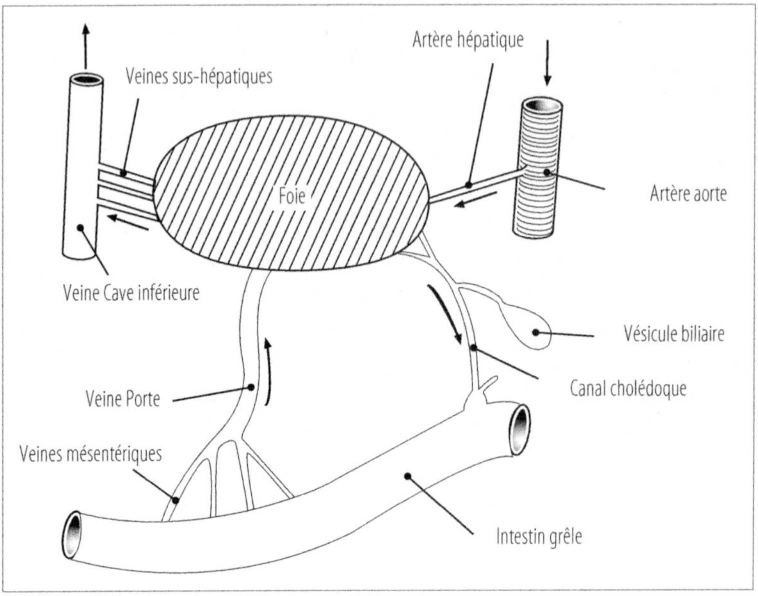

Figure 10. Schéma contemporain de l'irrigation sanguine du foie, montrant aussi le canal cholédoque par lequel la bile se déverse dans l'intestin.

> Les intestins sucent quelque suc qui leur est utile et convenable, et ils se l'apposent, et duquel enfin ils jouissent et se contentent, tout ainsi qu'il a été ci-devant dit pour le ventricule. Mais leur véritable nutrition se fait par les veines du mésentère qui reportent le sang du foie, tout de même qu'elles y transportent pareillement le chyle. [...]
> La raison, beaucoup plus que les sens, nous montre et nous convainc qu'elles sont aussi apportées et destinées pour la distribution. [...]
> Mais il a été donné à chacune [des veines mésentériques] l'une et l'autre fonction, tant de transporter le chyle dedans le foie, que d'icelui prendre et répandre le sang dedans les intestins. (p. 528-530)

Quand l'appétit des différentes parties du corps est trop grand, en cas de boulimie ou d'ivrognerie, la masse des aliments ou des boissons ingérés devient trop pesante et oppressante, ce qui provoque des maladies, l'obésité ou l'état d'ébriété. Comme Hippocrate le recommande, il convient en ce cas de diminuer « sans retardement » l'absorption des aliments ou des boissons, « ce que souventes fois la nature commence à faire ».

Les physiologistes contemporains remarqueront qu'à aucun moment Fernel n'évoque l'existence des canaux chylifères pour transporter le chyle à partir de l'intestin ; ces canaux ne seront en effet découverts par les anatomistes qu'au XVIIe siècle.

3. L'élaboration du sang et des humeurs

Toutes les veines du mésentère transportant le chyle aboutissent à la grosse veine Porte qui se divise, à son tour, sur la face concave du foie, en une multitude de « veines Portes » dispersées dans tout l'organe. Le chyle est donc retenu longtemps dans le parenchyme hépatique et « il acquiert ainsi plus promptement et plus parfaitement la forme du sang ». Le chyle passe à travers les parois minces des veines et la chair du foie possède la « propriété innée » et la chaleur naturelle indispensables pour transformer le chyle en sang : le produit liquide provenant de la digestion (« coction ») des aliments dans l'estomac et l'intestin devient plus épais et rougit. Une partie du sang produit est utilisée pour la nourriture propre du foie mais le reste est envoyé, selon Fernel, dans la veine Cave puis distribué « par un très grand nombre de veines qui aboutissent à toutes les parties du corps » (p. 540).

Fernel compare l'élaboration du sang dans le foie à la fermentation du moût et du jus de raisin. Cette fermentation donne d'une part un produit noble, le vin, et d'autre part des résidus, formant soit la « fleur de vin » qui surnage, soit la lie qui tombe au fond du récipient. De même, l'élaboration du sang dans le foie donne un produit noble : le sang nourricier et des résidus : la bile noire dite « humeur mélancolique », analogue à la lie, et la bile jaune qui est un produit « subtil et léger ». Comme dans le cas du vin, il n'est pas bon que les produits superflus, produits dans le foie, restent mêlés au produit noble.

« L'humeur mélancolique » est un produit noirâtre qui serait, selon Fernel, d'abord excrété vers la rate, puis la partie la plus « crasse » de cette humeur, inacceptable pour la rate, reviendrait vers l'estomac et serait à nouveau expulsée dans le colon avec les excréments.

> Et la portion la plus crasse et épaisse de l'humeur mélancolique, qui n'a pas pu être ramollie et domptée par la vertu de la rate, comme n'étant pas propre à la nourrir, elle est jetée, comme par une façon de dégorgement, par un propre et particulier conduit dedans l'orifice de l'estomac […]. Et puis en après elle retombe dans la capacité du ventricule, d'où elle s'écoule conjointement avec les aliments, et enfin d'autant qu'elle est inutile étant attachée et adhérente avec les excréments, elle est jetée et mise dehors avec eux. (p. 543)

Ce destin de la bile noire imaginé par Fernel est assez fantaisiste ; le grand anatomiste Vésale signale, dans *La fabrique du corps humain* de

1543, qu'il n'avait jamais pu trouver de canal entre la rate et l'estomac, lors de ses dissections.

L'autre résidu, la bile jaune, irait remplir la vésicule biliaire appendue au foie et le surplus serait rejeté dans l'intestin grêle par un petit canal (cholédoque). Amère et piquante, la bile jaune se mêle ainsi aux excréments et aide au rejet des rebuts alimentaires dans le colon.

Comme le vin s'améliore en vieillissant, le sang débarrassé des deux précédentes humeurs, s'améliore en demeurant dans le foie ; il donne ainsi le véritable sang nourricier, liquide nutritif encore mêlé cependant d'une autre humeur : la pituite. Le caractère de cette pituite, tel qu'envisagé par Fernel, se présente de façon assez complexe.

> Ainsi, de même, dedans le sang duquel l'une et l'autre bile sont séparées, il y a une certaine humeur crue qui y est mêlée et confuse, pour laquelle purger la nature n'a défini aucun organe ni instrument, d'autant qu'elle ne devait point être séparée ni jetée dehors. Car c'est comme un aliment à demi cuit, lequel étant dedans les veines est conjointement attiré avec le sang dedans icelles, afin que pendant la faim et le défaut des viandes, il soit changé dedans le temps et cuit parfaitement, et qu'il soit fait et rendu un sang bon, utile et salutaire. Il ne faut pas estimer cette pituite être superflue ainsi que l'humeur mélancolique susdite, ou la bile jaune, d'autant qu'elle est bonne et propre à servir de nourriture ; et de plus elle n'est point semblable à la morve, qui sort et coule par les narines, ni aussi à la pituite lente et crasse qui est dite nécessairement engendrée dedans le ventre et dedans les intestins. (p. 544)

Il y aurait ainsi, pour Fernel, deux sortes de « pituite » : l'une, élaborée avec le sang, pourrait sans doute être assimilée à la lymphe de la physiologie moderne ; l'autre, « la plus crasse », semble aussi imaginaire que l'humeur mélancolique.

Toutes les humeurs superflues sont principalement produites dans le foie, en même temps que s'élabore le sang : celui-ci n'exige pour sa formation qu'une chaleur « médiocre, modérée et tempérée ». Certains médecins ont pu penser que ce sont les « chaleurs immodérées », accompagnant la chaleur naturelle du foie, qui produisent les humeurs superflues. Les excès de chaleur produiraient la bile jaune ; les chaleurs trop faibles produiraient la pituite.

Fernel réfute ces considérations qu'il juge toutes fausses. Pour lui, la chaleur naturelle est « simple », uniforme, et ce sont les différentes sortes d'aliments qui entraînent la production des différentes humeurs. À tous les âges, sous tous les cieux, et en toutes saisons, les hommes, quel que soit le tempérament global de chacun, plus ou moins chaud, génèrent tous les jours les différentes humeurs, à cause de la variété des aliments absorbés, variété qui se retrouve dans le chyle.

> Toutes sortes de différentes humeurs sont engendrées dedans nous, en toutes sortes de natures [types d'hommes], d'âges, de saisons et de dispositions du temps, de toutes sortes d'aliments. Car quand l'aliment, par la commutation ou la coction, prend la forme du sang, les autres humeurs sont pareillement engendrées. C'est pourquoi, d'autant que la chaleur de l'homme est simple et d'une même nature, il s'ensuit qu'il faut attribuer cette différence d'humeurs, non à la chaleur mais aux aliments. (p. 546)

Les aliments contenant des matières chaudes et humides fourniront la bile jaune ; ceux contenant des matières terrestres et froides fourniront la bile noire et ceux contenant des portions liquides et très froides fourniront la pituite. Le sang provient de la « portion médiocre » du chyle, contenant toutes les qualités des substances de façon bien équilibrée.

> Si quelqu'un mange du miel, des aulx, des poireaux ou des oignons et boit du vin très fort et très bon, et s'il est d'une nature fort chaude, et en un âge florissant, pour cela seulement il n'engendrera pas [uniquement] de ces choses de la bile, encore bien qu'il en produise et fasse beaucoup et aussi un sang chaud. Celui qui aura de sa nature un foie tempéré, il engendrera et fera du sang de la portion du chyle qui est tempérée et d'une médiocre substance, et de celle qui est chaude et subtile de la bile jaune, et de la froide et terrestre l'humeur mélancolique. (p. 548)

En conclusion de cette longue étude de l'élaboration du sang et des humeurs dans le foie, organe jouant le rôle principal dans la nutrition, Fernel est catégorique :

> Nous ne jugerons pas des générations des humeurs et de leurs différences de la vertu et du degré de la chaleur seule, ou de leurs seules qualités, mais aussi de leur propre et particulière matière qui est propre, familière et convenable à chacune des humeurs. Car le sang a une autre matière, et l'humeur mélancolique une autre et la bile jaune une autre. Et il ne peut pas se faire que du sang pur soit produite et engendrée la bile, mais il faut nécessairement que chacune [des humeurs] soit engendrée d'une portion propre et convenable du chyle, et conjointement par la vertu et l'ouvrage d'une seule et même chaleur efficiente. (p. 552)

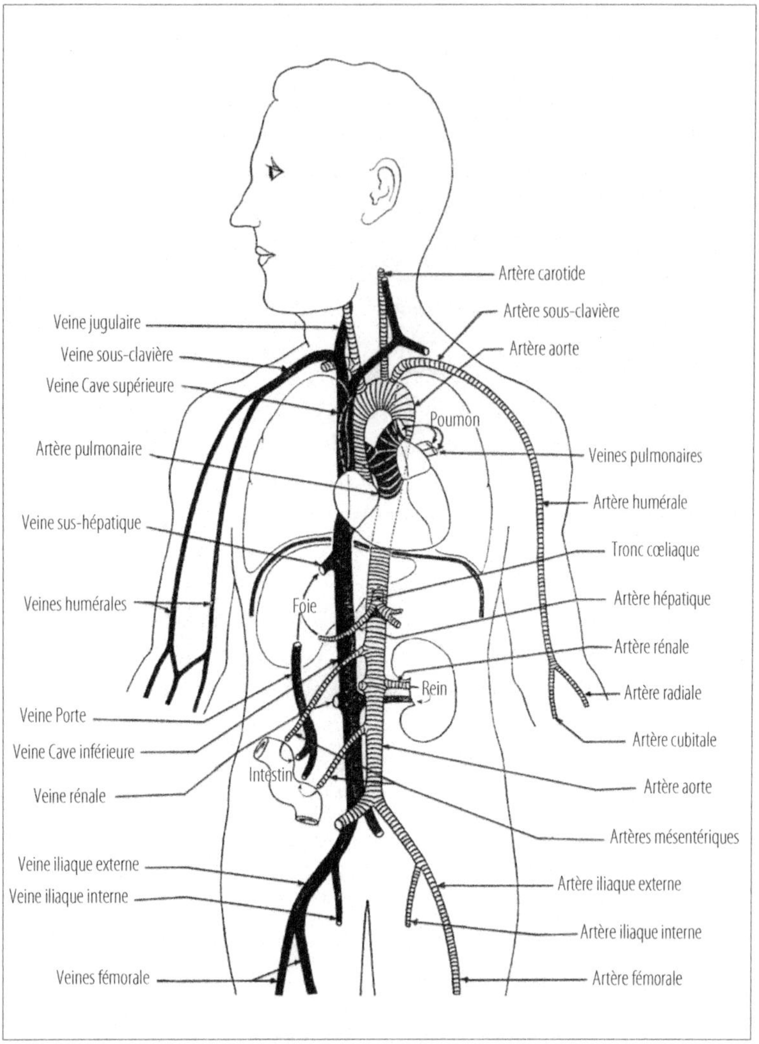

Figure 11. Schéma contemporain de l'appareil circulatoire.

Les artères distribuent le sang à tous les organes et les veines ramènent le sang au cœur. Pour Fernel, les veines distribuaient le « sang nourricier » à tous les organes à partir du foie et les artères apportaient à toutes les parties du corps le sang chargé « d'esprit vital » formé dans le ventricule gauche du cœur.

4. Distribution du sang, à partir du foie, dans toutes les parties du corps

Fernel emploie cette comparaison : comme un jardinier fournit en eau toutes les parties de son jardin, en faisant rayonner autour d'une fontaine un très grand nombre de tuyaux de calibres différents, le sang élaboré dans le foie est distribué dans toutes les parties du corps par la veine Cave[32] qui se ramifie en une multitude de veines de plus en plus étroites (figure 11). Nous avons déjà insisté sur cette grave erreur de Fernel (reprise de Galien et commune à tous les biologistes et médecins de la Renaissance, jusqu'à la découverte de la circulation du sang par William Harvey) attribuant au réseau veineux un rôle de distribution du sang nourricier vers les organes et non le rôle réel de permettre le retour du sang ayant déjà servi vers le cœur et les poumons.

Le sang sortant du foie est bien débarrassé des humeurs superflues (bile jaune et bile noire) mais non totalement. Il arrive dans la veine Cave, en plus du sang pur, « une humeur aqueuse et subtile » permettant le transport du sang dans les ramifications veineuses. C'est là, pour Fernel, l'origine de l'urine (origine bien fantaisiste au regard de la physiologie moderne).

> Cette humeur, d'autant qu'elle est très peu propre et commode pour nourrir le corps, ayant fait et accompli sa fonction de véhicule, et étant puis en après [par la suite] inutile pour autre chose, elle est séparée de la partie cave du foie et attirée dans les reins, d'où elle est incontinent jetée dans la vessie. (p. 553)

Les deux veines rénales (que Fernel qualifie de veines « émulgentes ») attirent l'urine au niveau des reins, ce qui débarrasse le sang de la majeure partie de « l'humeur aqueuse et subtile » nécessaire à la circulation du sang nourricier dans les veines. Il faut cependant qu'il en subsiste une petite partie pour le transport ultérieur du sang vers les autres organes. La filtration du sang et la séparation de l'urine sont résumées de façon très élémentaire par Fernel, qui ne s'attache nullement à l'étude de la fonction excrétrice des reins. Une partie du sang séparé sert au renouvellement de la chair des reins.

---

32. On peut noter que, dans ce Livre VI, Fernel fait partir la veine Cave de la face inférieure (concave) du foie, alors qu'au Livre I, il l'avait fait naître de la partie « gibbeuse » (voir p. 47). L'anatomie de la vascularisation sanguine du foie, selon Fernel, est totalement fausse.

> L'urine, en effet, et la bile la plus subtile qui est avec elle peuvent tomber et s'écouler, par des petits passages étroits qui sont dedans la tunique succingente [périphérique], dans la capacité intérieure des reins, et dedans la vessie, mais le sang, parce qu'il est plus crasse et plus épais qu'elles, est là conservé et retenu. Lequel sang, puis après étant répandu comme une rosée, est premièrement apposé aux reins, de là il y est attaché et fait adhérent, et enfin il est assimilé et converti et changé en leur substance. L'urine, quand elle a été jetée et expulsée des reins dans la vessie par des conduits et passages très longs et fermes [les uretères], elle ne peut pas retourner en arrière, d'autant que l'insertion des conduits est oblique. (p. 554)

L'urine s'accumule dans la vessie, retenue par la contraction du sphincter obturant l'urètre, qui conduit l'urine vers l'extérieur. Le relâchement du sphincter libère l'urine et obéit strictement à la volonté chez l'homme sain.

Le sang peut circuler dans les veines sous l'effet de deux forces : la force expulsive du foie et les forces attractives des territoires corporels situés au contact des veines ; « car il tombe et il est attiré en une espèce de forme de vapeur par des passages petits, occultes et cachés des veines prochaines » (p. 557). Fernel a donc le pressentiment de l'existence des vaisseaux sanguins capillaires, qui seront observés au microscope, pour la première fois en 1661, par Malpighi.

« C'est une chose confirmée, déclare Fernel, par le commun consentement des médecins, que le sang acquiert dedans les veines son souverain degré de perfection » (p. 558). En s'écoulant hors des capillaires, le sang « est insensiblement rempli tant de toute la qualité que de toute la propriété de la partie qui l'environne » (p. 558). Fernel en revient (au chapitre v du Livre VI) à la transformation du sang en quatre « humeurs secondes » différentes de celles évoquées au chapitre III du Livre IV (voir p. 67).

> Mais maintenant si nous changeons et pervertissons l'ordre prescrit et ordonné du sang qui est renfermé dans les grandes veines, les quatre humeurs secondes seront faites par une certaine suite et conséquence. Car quand le sang est attribué aux bouts et extrémités des veines et des artères, il est lors appelé l'humeur première ; et seconde quand, tenant lieu d'aliment, elle est coulée et affluée en la substance des parties et leur est apposée ; et troisième quand s'amassant aux environs des fibres et parties, elle leur est attachée et agglutinée et enfin quatrième quand elle est déjà assimilée et changée en leur propre chair. (p. 325)

Cette transformation du sang et la nature de ces « humeurs secondes » sont assez mystérieuses. Fernel est bien plus compréhensible lorsqu'il parle de la transformation du sang en substances solide, charneuse ou spirituelle, telles qu'on peut les trouver dans les différents organes.

> C'est pourquoi, aussitôt que le sang est conduit et attiré dedans les petites veines des parties, il est insensiblement converti par le changement en leur substance et en leur tempérament, jusqu'à ce qu'il soit parfaitement assimilé et qu'il ressemble entièrement à leur parfaite nature, et ce par le moyen de la nutrition qui est la fin de toute la coction et l'entier accomplissement de toutes les fonctions naturelles. (p. 559)

Toutes les parties du corps assimilent donc le sang et en rendent la substance semblable à elles-mêmes, grâce à leurs facultés « concoctrice et altératrice ». Finalement, toutes ces transformations biochimiques (impliquant nombre de molécules – essentiellement protéiques – totalement inconnues de Fernel) demeurent bien incompréhensibles (occultes) pour le premier physiologiste de la Renaissance. On pourrait dire que, plus les transformations de substances, liées à la nutrition, sont mystérieuses pour Fernel, plus il éprouve le besoin de revenir sur ces phénomènes ; c'est ce qu'il fait dans les cinq longs chapitres supplémentaires qui figurent encore dans l'étude de la nutrition (au Livre VI de *La Physiologie*).

Ces chapitres (v à x) n'apportent pas grand-chose de nouveau par rapport à tout ce qui a été détaillé dans les chapitres précédents. Fernel précise, une fois de plus, qu'il y a trois sortes de coctions, se produisant uniquement dans des lieux où les aliments séjournent longtemps : l'estomac produisant le chyle, le foie produisant le sang et finalement chacun des organes transformant le sang en sa propre substance. Au cours de ces coctions successives, il apparaît quatre humeurs superflues : bile noire (ou humeur mélancolique), bile jaune, urine et pituite. Les transformations du sang dans chaque organe donnent aussi des substances de type excrémentiel : les sueurs de la peau, les crachats des poumons, la morve des narines, les cheveux et les ongles, véritables rebuts des substances solides. Les mamelles ont une « coction » particulière pour transformer le sang en lait et les testicules en ont une autre pour transformer le sang en « semence » (sperme).

5. Analyse du sang

Le septième chapitre du Livre VI est cependant plus intéressant et consacré à l'analyse du sang. Fernel déclare que le sang doit être composé de différentes substances pour assurer la nourriture des différents organes. Le sang, prélevé des veines par une saignée, montre au moins quatre sortes de constituants :

- un sérum liquide surmontant un amas figé complexe ;
- un réseau fin et rouge flottant au-dessus de l'amas ;
- un sédiment, épais, sombre et terreux tombant au fond du récipient ;
- un précipité intermédiaire formant « la partie la plus crue ».

Aussi grossière et approximative que soit cette analyse, la démarche de Fernel peut être qualifiée ici de véritable démarche scientifique.

> Le sang qui est sorti du foie et qui est renfermé dans les plus grandes veines ne peut être parfaitement un et pur. Et cela se voit clairement en celui qui est sorti d'une saignée faite en un corps bien sain. Car, outre le sérum ou la sérosité, dedans le reste qui est pris et figé, on y voit des parties entièrement dissemblables. L'une, en effet, est subtile, rougeâtre et bouillante, qui surnage au-dessus. L'autre, au fond, est grasse et épaisse, noirâtre et vraiment terrestre. Une autre, qui consiste au milieu de la médiocrité des deux susdites, parmi lesquelles est répandue une certaine quatrième portion ou partie qui est la plus crue. Tout ce qui paraît en un amas, les Médecins ainsi que les Philosophes l'appellent le sang, qui d'un commun consentement estiment que toutes les parties du corps sont nourries d'un seul sang, c'est-à-dire des quatre humeurs mêlées et tempérées ensemble. (p. 573)

L'analyse se poursuit par une étude très originale de la coagulation du sang ; au cours de ce phénomène, « le sang se prend et fait grumeaux » dit Fernel. « Or la prochaine et la continente cause de la concrétion ou caillement, ce sont les fibres qui sont contenues et confuses [cachées, disséminées] dedans le sang de tous les animaux. » (p. 574) Fernel décrit ensuite une expérience pour mettre en évidence les fibres (la fibrine en termes modernes) nécessaires à la coagulation.

> Les fibres sont si exactement et si soigneusement confuses avec le sang, et tellement mêlées, que dedans un sang chaud on ne les peut point du tout reconnaître avec les sens, ni en celui qui est déjà caillé et congelé par le froid. Toutefois on a accoutumé de les diviser et séparer de cette façon et manière, ou en le [le sang] passant par un linge chaud et tiède, ou en le remuant par une fréquente agitation avec un bâton ou avec la main tant qu'il soit refroidi, tout de même que les femmes ont accoutumé de faire et composer le boudin. Et même quand on a incisé la veine malléole du pied, on a accoutumé de laisser couler le sang dans un bassin plein d'eau tiède, incontinent qu'elle est

> refroidie, et qu'elle a été un peu en repos, elle est toute teinte de la plus pure portion du sang, et ces fibres tombent au fond, étant du tout adhérentes et blanches. [...] Et toutefois, quand elles en auront été ôtées et soustraites, le reste du sang sera de beaucoup éloigné de se cailler et de se prendre, à quoi il serait autrement porté de soi et de sa nature, comme aussi de l'excellente vertu et faculté de pouvoir nourrir. (p. 575)

Le physiologiste du XVIe siècle suit véritablement ici une démarche expérimentale, celle-là même qui sera si longue à s'imposer en biologie.

Pour terminer cette analyse du sang, Fernel rappelle que le liquide élaboré dans le foie contient les quatre « humeurs superflues » décrites précédemment. Au passage, Fernel définit comme « humeur » tout ce qui est « liquide et coulant » dans le corps. Les humeurs superflues sont normalement présentes en faible quantité dans les veines et ne s'accumulent que dans leurs « réservoirs » (vésicule biliaire, rate, vessie), avant d'être expulsées. Leur accumulation anormale dans le corps provoque diverses maladies : jaunisse, mélancolie, etc. Fernel leur consacre quelques pages qui relèvent plus de la pathologie que de la pure physiologie.

II. LES FONCTIONS ANIMALES (SENSATION, PERCEPTION ET MOUVEMENT)

Comme la partie « naturelle » de l'âme consacrée à la nutrition est tout entière occupée par le devenir des aliments dans le corps, la partie sensitive de l'âme est entièrement consacrée à l'exploration du monde extérieur.

> L'autre partie de l'âme, qui est appelée sensitive, est occupée sur les choses externes qui sont aux environs de nous, et elle s'emploie entièrement afin d'en prendre connaissance, et de comprendre dedans soi, par le moyen des sens qui sont ses Ministres et ses Messagers, les notions de toutes choses. (p. 598)

L'âme sensitive, affirme Fernel, quelle que soit sa constitution matérielle, « a élu et choisi le corps du cerveau, comme sa forteresse et son domicile naturel » (p. 599). Le cerveau dispose de plusieurs instruments pour remplir ses fonctions : le premier instrument, et le plus important, est *l'esprit animal* qui provient de la transformation de *l'esprit vital* arrivant du ventricule gauche du cœur avec le sang artériel. L'esprit vital pénètre d'abord dans le « réseau admirable » (imaginaire chez l'homme! nous l'avons vu, p. 43) situé à la base du cerveau. Passant du « réseau admirable » aux plexus choroïdes internes des cavités cérébrales, cet esprit vital est changé en esprit animal « par la force naturelle du cerveau ».

Ayant rempli les cavités cérébrales, l'esprit animal s'écoule (par les nerfs vraisemblablement, mais Fernel ne le précise pas à cet endroit de son exposé) soit vers les organes des sens, soit vers les muscles moteurs. Comment, devant ces affirmations, ne pas penser à Descartes qui, un siècle après Fernel, changera simplement dans ses écrits[33], *l'esprit animal* en *les esprits animaux*.

En arrivant dans les organes des sens, l'esprit animal peut changer de constitution : il prend ainsi « une autre nature » employée totalement au service de la fonction sensorielle qu'il doit accomplir. Selon l'organe qui le reçoit, arrivant du cerveau, l'esprit animal se change donc en « esprit visuel » dans l'œil, en « esprit auditif » dans l'oreille, en « esprit olfactif » dans le nez, en « esprit gustatif » sur la langue et en « esprit tactile » dans la peau. Car, dit Fernel, « il n'y a pas un même esprit pour voir, ouïr, odorer, goûter et toucher; et celui qui est destiné pour le mouvement [volontaire des muscles] est beaucoup éloigné des précédents » (p. 600).

Le second instrument utilisé par le cerveau pour remplir ses fonctions sensorielles « est composé d'un corps plus crasse (épais) et plus terrestre, comme étant celui dans lequel doivent être conservés » à la fois l'esprit (visuel, auditif, etc.) arrivant d'un des organes des sens et les « images » (visuelles, auditives, gustatives...) des choses externes. Ce second instrument est le « sens commun » dans le vocabulaire de Fernel, emprunté à Aristote. L'auteur de *La Physiologie* y reviendra dans un chapitre (le onzième du Livre VI) qui est entièrement consacré au sens commun. Auparavant, Fernel veut rendre compte du fonctionnement des cinq organes des sens.

III. FONCTIONNEMENT DES ORGANES DES SENS

La physique de l'époque médiévale, de même que celle du tout début de la Renaissance, dont Fernel a pu prendre connaissance, sont tellement rudimentaires (et parfois même fantaisistes), que les mécanismes qu'il propose pour le fonctionnement des organes des sens ont très peu d'intérêt pour les physiologistes de notre époque.

---

33. Voir Paul Mazliak, *Descartes. De la science universelle à la biologie*, éd. cit., 2005.

On peut cependant reconnaître ce point positif au physiologiste de la Renaissance qu'il cherche à donner à ses lecteurs des explications rationnelles des phénomènes sensoriels.

Il distingue d'abord deux catégories d'organes des sens :

1. ceux qui doivent être au contact direct de l'objet extérieur fournissant la sensation ; c'est le cas des organes du toucher et de ceux du goût ;
2. l'autre catégorie est formée des organes des sens qui éprouvent la sensation grâce à une substance intermédiaire (l'air ou l'eau) interposée entre l'objet fournissant la sensation et l'organe recueillant le signal ; c'est le cas des organes de la vue, de l'audition et de l'odorat.

> Quelques-uns des sens externes font leur fonction en touchant, comme le goût et l'attouchement, qui ne sentent point si les choses ne leur sont jointes, quelques autres par le moyen et l'interposition d'un certain corps au milieu, comme la vue, l'ouïe et l'odorat, et ce corps qui est au milieu, ou c'est l'air ou c'est l'eau. Car toutes sortes d'animaux terrestres qui marchent ou qui rampent sur la terre sentent et connaissent les couleurs et les sons par le moyen de l'air et les aquatiques par le moyen de l'eau. (p. 601)

1. L'audition

La présentation des phénomènes physiques de l'émission et de la propagation des sons dans l'air ou dans l'eau est grossièrement correcte. L'auteur évoque à ce sujet la propagation des ondes dans l'eau d'une rivière « où l'on voit qu'un mouvement pousse l'autre ». Fernel résume ainsi les événements : deux solides s'entrechoquent brusquement et produisent ainsi un bruit ou un son ; le milieu (air ou eau) compris entre les solides qui se heurtent est fortement remué et, de proche en proche, ce mouvement se transmet dans le milieu environnant, jusqu'à l'oreille. Ce qui se passe dans cet organe est ainsi décrit.

> L'air externe étant agité et frappé, est porté, par les conduits sinueux et tortus des oreilles, par un très doux mouvement sans aucune confusion, et il passe et pénètre jusqu'à cet air interne qui est renfermé en la membrane qui est tendue et qui est naturellement née dedans les oreilles. Et étant en cette membrane, il la frappe et touche doucement, tellement qu'étant mue par cette agitation, elle fait bruit et résonne toute. Et pour lors en après l'air externe est rendu continu et adhérent avec l'air interne et par son intervention et moyen, il est porté à l'esprit auditif, qui est impliqué et mêlé avec celui-ci et enfin par cette sentinelle et ce ministre, l'image ou espèce du son reçue est transportée au principe du sentiment [c'est-à-dire au sens commun du cerveau]. (p. 602)

Ces lignes sont assez peu explicites. On retient seulement que le signal sonore, reçu sans doute par le tympan, déclenche la montée de l'esprit auditif (transportant « l'image » du son) au cerveau, grâce à l'air interne enfermé derrière le tympan.

2. L'odorat (ou l'olfaction)

Des substances odorantes (par exemple du cèdre ou de l'encens) émane une « fumée presque sèche, suave, douce et agréable », qui envahit le milieu aérien ou aqueux. Fernel précise : « [...] car les poissons et toutes sortes d'animaux aquatiques, encore bien qu'ils ne respirent pas, toutefois il est constant qu'ils ont de l'odorat. » (p. 603). Les odeurs passent par les narines (avec l'air inspiré, chez l'homme) et atteignent ainsi le cerveau où se trouvent les organes de l'odorat. Fernel désigne sous le nom de « mamelles du cerveau » les deux protubérances de la partie antérieure du cerveau recueillant les sensations liées aux odeurs ; ce sont les deux « bulbes olfactifs » de l'anatomie moderne. Pour que la sensation olfactive arrive au cerveau, il faut, écrit Fernel, « que les conduits qui sont depuis les narines et qui passent en haut par les méninges » soient ouverts et non bouchés.

Cette présentation de la physiologie de l'olfaction est tout de même bien brève !

3. La vue

Le sens de la vue (que Fernel dénomme « la vision ») est beaucoup plus longuement étudié. Cependant les notions physiques et anatomiques qui sous-tendent ces explications sont particulièrement déficientes.

Il faut d'abord, dit Fernel, que le milieu (air, eau, vitre), interposé entre l'objet extérieur et l'œil, soit transparent. Il faut ensuite que les choses soient « luisantes, claires et lumineuses » pour être vues. Néanmoins, la lumière ne peut être regardée comme une substance émise soit par l'œil vers l'objet, soit de l'objet vers l'œil. Fernel donne alors une définition de la lumière et de l'objet lumineux en employant un vocabulaire aristotélicien bien obscur.

> Or la lumière n'est point un corps, ni chose quelconque, qui procède et vienne du corps, autrement elle ne pourrait pas éclairer tout le corps [c'est-à-dire le milieu, sans doute] qui est aux environs en un moment du temps mais petit à petit, ni aussi pénétrer entièrement un corps fort clair et transparent. C'est pourquoi la lumière est l'acte et la perfection d'un corps clair et transparent, en présence d'un corps lumineux. (p. 604)

Fernel devient plus clair quand il esquisse le mécanisme de la vision : en résumé, l'objet éclairé envoie dans l'air environnant une « image » qui met cet air en mouvement ; cette image se propage ainsi jusqu'au cristallin (Fernel dit « l'humeur cristalline ») de l'œil. « L'esprit visuel » formé à ce niveau monte, par le nerf optique, jusqu'au cerveau et gagne la région du « sens commun ».

> La vision se fait quand la couleur ou l'image de la chose touche l'air clair et lumineux qui est au milieu, et puis après, quand l'air, étant répandu jusques à l'œil, meut et excite la vue. Et pour lors, l'image de la chose, qui peut être vue, est reçue par la prunelle dedans l'humeur cristalline ; de là enfin l'esprit [visuel] se portant plus avant, elle est transportée par les nerfs optiques dedans le cerveau et le principe commun du sentiment, ou le sens commun. La vision est distinguée de l'ouïe et de l'odorat par cette différence, en ce que dedans l'ouïe et l'odorat le sens est touché et frappé, non pas tout soudain, mais petit à petit, par des corps qui sont au milieu. Et dans la vision, l'espèce de la chose touche et meut en un instant la vue, non pas par une progression ou pas à pas, mais tout soudain l'air qui est au milieu étant changé, tout ainsi qu'à l'abord et à l'arrivée de la lumière. (p. 605)

4. Le goût et le toucher

Le goût et le toucher – nous l'avons vu – sont des fonctions sensorielles exigeant le contact direct entre l'objet donnant la sensation et les organes récepteurs reliés aux nerfs sensitifs. « Car si la saveur, nous dit Fernel, tombe sur le nerf du goût, ou si la chaleur ou un poinçon aigu touche le nerf de l'attouchement à nu et à découvert, on ressent une douleur très grande et très sensible. » (p. 606) Dans le cas de la vue, de l'ouïe ou de l'olfaction, le signal du milieu externe, reçu par l'organe sensoriel, ne provoque aucune douleur (ou seulement une douleur très faible) parce que le milieu s'interpose entre le signal et l'organe.

Contre l'opinion de Galien qui soutenait que la sensation du toucher appartenait aux nerfs sensitifs irrigant la peau, Fernel pose que les organes du toucher, répandus sur la peau et à l'extrémité des membres, envoient, comme tous les organes des sens, un esprit – l'esprit tactile – montant au sens commun du cerveau par les nerfs de l'attouchement.

> Les interceptions et les obstructions qui arrivent aux nerfs de l'attouchement ôtent aux parties sujettes le sentiment et le mouvement. Ce qui montre fort clairement que la vertu et faculté de l'attouchement n'est pas naturelle aux nerfs, mais qu'elle coule et provient continûment du cerveau [...] et que le tact

> ou l'attouchement qui se fait aux extrémités du corps ne peut pas juger de la qualité des choses mais qu'il est seulement l'instrument de la faculté qui réside principalement dans le cerveau. C'est là qu'il faut rapporter le sentiment [la sensation] de toutes choses. (p. 608)

Fernel fait appel, dans ce passage, à son expérience de médecin en exercice et son raisonnement se rapproche beaucoup du raisonnement tenu par les physiologistes modernes. Il s'appuie vraiment pour conclure sur des faits d'expérience médicale. Il faut cependant, en termes modernes, remplacer « l'esprit tactile » qui monte au cerveau par une série d'influx nerveux parcourant les nerfs sensitifs.

IV. Le rôle du sens commun dans le cerveau : de la sensation à la perception consciente

Le onzième chapitre du Livre VI de *La Physiologie* donne beaucoup de précisions sur les fonctions du « second instrument » de l'âme sensitive dans le cerveau : il s'agit de l'aire (bien mal localisée) du sens commun.

Les images, les sons, les goûts, etc. reçus par les organes des sens – c'est-à-dire à proprement parler, les sensations – persistent quelque temps lorsque les objets extérieurs ayant provoqué ces sensations ont disparu. Ces « images immatérielles » des objets (ces sensations) sont conduites par les « esprits sensitifs » parcourant les nerfs (optique, du toucher, etc.) ou les appendices cérébraux sensitifs (de l'audition, de l'olfaction, du goût) jusque dans le « sens commun » du cerveau où elles s'amassent et demeurent un certain temps.

> Et pour lors, écrit Fernel, par les instruments ou les organes des sens, ces formes reçues et ces images des choses passent incontinent par les capacités [les interstices entre les fibres] et les conduits des nerfs dedans le cerveau, étant portées par l'esprit sensitif. De telle sorte que, quand le sens externe est mû et excité par la rencontre des choses et des objets externes, le sens interne est pareillement touché et affecté par leurs images et leurs espèces. [...] Car elles passent jusque dedans le même et commun principe [le sens commun] dedans lequel est située la première âme sensitive. (p. 611)

Une fois arrivée au cerveau, la sensation devient une *perception* consciente ; Fernel emploie ce terme précis car, dit-il, la fonction du « sens commun » est effectuée par la faculté de connaître et de comprendre. C'est en cela que consiste pour lui la perception, qui seule distingue entre les différentes sensations arrivant toutes au « sens commun ». Mais aucun raisonnement n'accompagne ces perceptions qui se produisent aussi bien chez les animaux que chez l'homme.

> Mais toutes les images et les choses simples et individuelles qu'elle [la perception] aura comprises, ou elle les distingue séparément, ou étant confusément assemblées, elle les amasse et en fait un entassement sans aucune liaison ni composition quelconque. Ce qui fait que cette action, par laquelle la poule connaît premièrement ses poussins, puis les discerne et les distingue, ou que la brebis appréhende le loup son ennemi, doit être plutôt estimée une séparation qu'un jugement ou un raisonnement. (p. 612)

Les « images » immatérielles arrivant au « sens commun » peuvent y demeurer, d'autant plus longtemps qu'elles y arrivent plus fréquemment. La faculté conservatrice du « sens commun » est donc une sorte de mémoire sensitive. Ces « images-sensations » peuvent être retrouvées sans modification par les souvenirs ou bien transformées de façon fantastique par l'imagination, que les Grecs nommaient *phantasia.* Ainsi naissent, notamment dans les songes, des phantasmes, tels le sphinx (à tête de femme et corps de lion), les hippocentaures (à torse humain et corps de cheval), les hommes à trois têtes, etc. Ces exemples sont cités par Fernel.

Les jugements et raisonnements conduits à partir des sensations n'appartiennent qu'à l'homme, grâce à la partie rationnelle de son âme.

V. LES MOUVEMENTS VOLONTAIRES

Selon Fernel, c'est le désir (nommé « l'appétit » par le physiologiste de la Renaissance) qui provoque les mouvements volontaires : « L'appétit est un mouvement et une certaine agitation interne, par le moyen de laquelle on recherche ce qui est bon et utile. » (p. 619).

Il y a trois sortes d'appétits, précise Fernel :

- « Celui qui est dit naturel, qui est né ensemble avec toutes choses, et qui, étant à jamais inséparable, est toujours résidant en icelles. » (p. 620) Cet « appétit naturel », résidant en toutes choses, est bien mystérieux ; le lecteur contemporain pourrait peut-être le faire correspondre aux affinités chimiques présentées par les diverses substances, minérales ou organiques ;
- les *appétits internes* à l'organisme humain ou animal sont plus faciles à appréhender. Ce sont, tels qu'énumérés par Fernel, le désir érotique (« l'ardeur de l'aiguillon vénérien »), la faim et la soif (provenant

d'un estomac vide ou d'un gosier asséché), la colère (correspondant à l'ébullition de la bile ou du sang dans le cœur) ;
– de violents désirs (« appétits ») peuvent être provoqués par des *choses externes* qui se présentent devant les organes des sens : une belle personne, un bon plat, un bon vin, etc.

Chez l'homme, la raison peut être dépassée par les appétits : c'est le cas dans la concupiscence ou la luxure, l'ivrognerie et la gloutonnerie, la haine et le désir de vengeance, l'ambition démesurée, l'avarice, la peur, la paresse, etc. C'est pour cette raison que, dans le chapitre XII du Livre VI de *La Physiologie*, Fernel ajoute aux « appétits » provoquant des mouvements volontaires ce qu'il nomme les « actions morales », c'est-à-dire les actions dictées par l'esprit. Au passage, Fernel note que les désirs peuvent s'exprimer violemment dans les songes, lorsque le sommeil n'offre aucune résistance aux sentiments et aux passions.

Par quels mécanismes les désirs provoquent-ils les mouvements volontaires ? Fernel s'efforce d'apporter une réponse rationnelle à cette question, mais sa réponse est forcément limitée par l'état arriéré des sciences physiques et chimiques au XVIe siècle. « Le seul appétit, déclare Fernel, excite les animaux à se mouvoir. » (p. 626) Les facultés qui permettent le mouvement sont placées dans le corps du cerveau, mais pour agir sur les « instruments » placés dans toutes les parties du corps, ces facultés ont besoin de « ministres ou de messagers » qui transmettent leurs ordres en dehors du crâne. Ces messagers sont les *esprits animaux* qui se forment dans les ventricules cérébraux. Fernel a déjà décrit la formation des esprits animaux dans le cerveau (voir p. 43). L'esprit vital, arrivant au « réseau admirable » avec le sang artériel des carotides, passe dans les plexus choroïdes de la partie antérieure des ventricules cérébraux. Là, l'esprit vital est converti en esprit animal (ou mieux : en divers esprits animaux).

Ensuite, selon un processus totalement imaginaire décrit par Fernel, le cerveau se contracte et se dilate sans arrêt comme le cœur.

> Le corps du cerveau, écrit Fernel, est mû d'une continuelle et constante agitation, ainsi que le cœur, de soi-même et de son propre mouvement, tantôt s'élargissant et tantôt se resserrant, c'est pourquoi la nature a laissé entre les méninges un espace vide suffisant autant qu'il était convenable pour la dilatation du cerveau. (p. 627)

Au cours des phases de contraction du cerveau, les esprits animaux sont chassés des ventricules et migrent, par les nerfs, vers les muscles

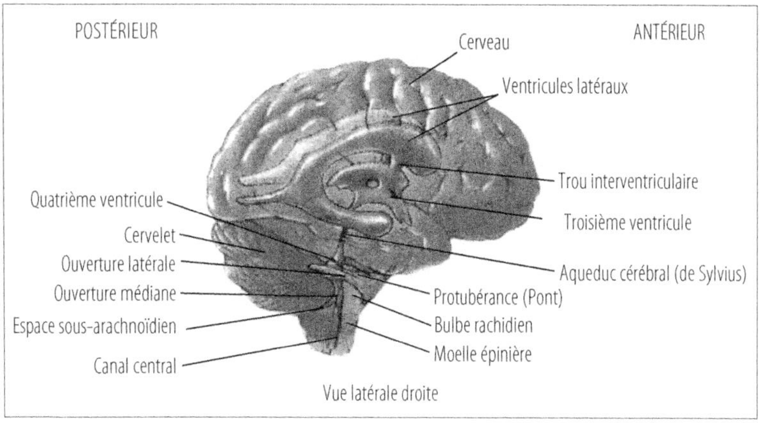

Figure 12. Vue des cavités cérébrales en anatomie moderne du cerveau. Cette vue permet de mieux comprendre le texte de Fernel décrivant le parcours des esprits animaux dans les cavités cérébrales, lorsqu'ils se dirigent vers la moelle épinière.

ou les organes des sens. Au cours des phases de dilatation, l'élargissement des ventricules cérébraux aspire l'esprit vital des artères et l'air des narines. Ces mécanismes sont évidemment imaginaires.

Les esprits animaux passent des deux premiers ventricules vers le troisième puis, par un canal étroit (aujourd'hui appelé aqueduc de Sylvius), vers le quatrième ventricule situé devant le cervelet (voir la figure 12). Le passage des esprits dans le canal est régulé, selon Fernel, par l'épiphyse vermiculaire et les « apophyses mamillaires », correspondant sans doute aux tubercules quadrijumeaux de l'anatomie moderne.

> [Pendant la phase de dilatation du cerveau] le canal qui va du troisième ventricule dedans le dernier s'unit et se joint entièrement, et il est fermé et bouché par l'épiphyse prochaine nommée vermiculaire, qui tombe et qui s'abaisse entre les apophyses mamillaires appelée *gloutia*, afin que l'esprit ne puisse point du tout retourner de ce dernier ventricule dans celui du milieu. Il se fait tout au contraire dedans la contraction du cerveau, car cette épiphyse étant élevée, et ces apophyses mamillaires s'étant plus amplement élargies, le passage est plus libre et plus ouvert par lequel l'esprit passe et s'écoule du troisième ventricule vers le quatrième. Donc, autant que les valvules servent au cœur, autant l'épiphyse vermiculaire et les apophyses mamillaires servent au cerveau. Et de cette façon, les esprits étant répandus et diffusés, ils arrosent et remplissent les instruments des sens, et ainsi ce quatrième et dernier

ventricule est toujours rempli d'esprit. Celui-ci, ayant reçu une certaine légère mutation et un certain changement, tombe et coule dedans le vide ou la cavité qui s'étend le long de l'épine du dos; car la moelle [épinière] est toute creuse au milieu et en son canal interne. De même, les plus gros nerfs qui naissent de cette moelle, sont creux au niveau de leurs sorties et de leurs commencements. C'est pourquoi, l'esprit animal coulant de la moelle se répand aussi dans les nerfs [rachidiens]. (p. 628-629)

Les divers esprits animaux, les uns moteurs, les autres sensitifs, migrent par les nerfs nés de la moelle épinière vers les muscles et les « organes de l'attouchement » (les organes sensibles au toucher). Fernel a donc un vague pressentiment du caractère mixte (sensitif et moteur) des nerfs rachidiens. Les gros nerfs sont creux et les nerfs les plus fins, même s'ils paraissent pleins de substance, peuvent tout de même laisser passer les esprits, tellement la matière de ceux-ci est « raréfiée ».

Pour Fernel, seule la volonté née dans le cerveau commande les mouvements musculaires : contraction et relâchement. Dans les paires de muscles opposés (nous dirions antagonistes), ceux du bras par exemple, quand les uns se contractent, les autres se relâchent et *vice versa.*

Ce commandement de la volonté est quelquefois prompt et évident, mais le plus souvent il est tellement obscur et subtil qu'il nous échappe entièrement, comme les mouvements des yeux et des paupières, et en plusieurs gestes de la tête et des mains, dans les respirations du corps de ceux qui dorment, auxquelles actions nous semblons n'être point du tout ou bien peu attentifs. (p. 632)

Le passage cité ci-dessus montre que Fernel s'est bien rendu compte qu'il faut distinguer mouvements volontaires et mouvements automatiques (ou réflexes) échappant à toute volonté. Il est cependant tout à fait incapable de présenter les causes des mouvements involontaires. Une seule chose est bien claire pour lui : l'attention et la volonté, propriétés du cerveau, provoquent les mouvements de l'esprit animal vers les muscles et ceux-ci se contractent ou se décontractent selon les ordres apportés par l'esprit voyageant dans les nerfs. Même la tonicité des muscles dépend, pour Fernel, de l'esprit animal provenant du cerveau. La notion de mouvement réflexe n'apparaîtra qu'au XVIIe siècle avec le physiologiste anglais Thomas Willis (1622-1675).

VI. LES FONCTIONS DE L'ESPRIT HUMAIN

Les chapitres XIV et XV de *La Physiologie* du Livre VI traitent des fonctions de « cette partie de l'âme qui est douée de la raison et du conseil ». Cette partie rationnelle de l'âme n'est présente que chez l'homme. Ces fonctions rationnelles sont, pour Fernel, si profondément cachées dans la masse du cerveau qu'elles ne se manifestent jamais sous une forme matérielle et qu'elles n'ont besoin d'aucun instrument spécialisé. On devine déjà, d'après ces définitions, que Fernel n'acceptera aucune localisation cérébrale servant de siège pour ces fonctions.

Les fonctions de l'esprit travaillent sur les « images immatérielles » stockées dans le « sens commun ». Ces images ont encore « quelque chose d'impur et de matériel », dit Fernel, et la première fonction de l'esprit est le pouvoir d'abstraction dû à *l'intelligence agente*. Cette partie de l'âme rationnelle produit les « notions pures de chaque chose » : ce que la science moderne nomme les « concepts ». « Car, écrit Fernel, la notion est un acte de l'esprit et de l'âme tiré de l'image sujette. » (p. 635) Ces concepts sont retenus dans l'esprit par une autre partie de l'âme rationnelle : *l'intelligence patiente*. Cette intelligence spécialisée n'a aucune « forme » particulière pour être capable de conserver toutes les « formes » reçues dans le sens commun. Notons que le vocabulaire employé par Fernel est exactement le même que celui employé précédemment par Aristote dans son traité, *De l'âme*[34].

Une autre fonction de l'esprit est la faculté de jugement. Car l'âme rationnelle permet de passer du concept au jugement.

> Étant entrée comme dedans la forêt des notions, elle [l'âme sensitive] recueille et ramasse des notions particulières de certaines notions universelles et d'icelles non seulement, mais aussi des choses et objets particuliers qui se présentent, elle sépare et dépouille de la matière les formes universelles et elle distingue et discerne les propres essences de chacune de ces choses. [...] Puis après, quand l'esprit occupera et emploiera sur icelles sa faculté de composition, y interposant la conjonction du temps, il compulsera et assemblera plusieurs choses très parfaitement, dans lesquelles il s'y rencontrera pour lors de la vérité ou de la fausseté ; et puis de ces choses composées et vraies ensemble, il fera un jugement entier et parfait, disant que cette chose est bonne et que cette autre n'est pas honnête. (p. 636)

---

34. Aristote, *De l'âme*, éd. cit.

Le jugement de l'âme rationnelle porte donc sur la vérité et la fausseté du concept, c'est-à-dire sur son acceptation ou son refus par la raison ; il porte aussi sur les actions, jugées honnêtes ou malhonnêtes.

Fernel va ensuite longuement développer, sur une vingtaine de pages, l'exposé concernant les facultés de l'esprit humain ; le lecteur contemporain déplorera que soient mêlées, dans cet exposé, autant de notions relevant de la psychologie pure ou de la philosophie que de notions relevant vraiment de la neurophysiologie. Fernel nous informe ainsi que « l'esprit s'élevant et se portant à ratiociner (c'est-à-dire à raisonner), il assemble plusieurs notions et recueille de celles-ci plusieurs choses par une admirable liaison, ou par induction ou par argumentation » (p. 637). Ainsi naît la connaissance ou la science, à partir de « principes nécessaires et universels ». De la même façon se forment aussi les opinions, à partir de « principes et de raisonnements seulement probables ».

La contemplation des astres et des vérités éternelles mène à la sagesse qui est le résultat de l'action de *l'intelligence contemplative.* La considération ou la transformation des choses utiles relève d'une *intelligence pratique*. La prudence d'un esprit avisé entraîne une bonne gestion des choses d'utilité publique ou personnelle.

Une autre propriété de l'esprit joue encore un rôle important dans les activités de l'âme rationnelle : c'est la *mémoire*, la préservation des concepts, des jugements et des raisonnements. Cette mémoire de l'esprit n'est pas éternelle : elle disparaît avec la mort.

Les facultés de raisonnement ou de jugement ne sont pas infaillibles ; l'âme sensitive peut commettre des erreurs ou porter de faux jugements. Au passage, Fernel affirme que « les bêtes brutes n'ont pas de mémoire, d'autant qu'elles n'ont aucune connaissance du temps passé et futur, sans laquelle nous ne pouvons pas nous ressouvenir » (p. 643). Et il cite l'exemple des mouches et des fourmis qui semblent accumuler des aliments en prévision de l'hiver ; pour le physiologiste de la Renaissance, ces insectes n'ont aucune idée d'un temps futur, à venir ; leur stockage de nourriture est « une seule action inconsidérée », c'est-à-dire automatique, accompagnée d'aucune réflexion. Les physiologistes modernes considèrent que les comportements utiles ont été sélectionnés par l'évolution.

Finalement, l'étude des fonctions de l'esprit se termine par un chapitre (le quinzième du Livre VI) affirmant qu'il faut rejeter toute idée de localisations cérébrales différentes pour ces différentes fonctions mentales. Ceux qui défendent l'idée de sièges cérébraux distincts s'appuient sur une observation très courante :

> Les fonctions de la fantaisie [l'imagination], de la ratiocination, de la mémoire, sont tellement distinctes, que l'une peut être offensée et lésée sans que les autres le soient le moins du monde. (p. 646)

Certains, par exemple, sont doués d'une excellente mémoire, mais n'ont que très peu de raisonnement ; d'autres ont une grande imagination et très peu de jugement.

Or, d'après les philosophes, nous dit Fernel, la même essence de l'âme existe chez tous les hommes. Donc les facultés apparemment différentes, chez les différents individus, résultent de l'histoire de leur cerveau et de leur corps et des émotions diverses qu'ils ont vécues et qui les a façonnés.

> Ce n'est pas l'essence de l'âme qui fait ces facultés différentes, mais la différente constitution et disposition du corps et de ses instruments et organes, qui ont été contractées du tempérament et de la conformation. Car les facultés et les mœurs de l'âme suivent leur condition et leur nature, d'autant que non seulement notre constitution et disposition naturelle, mais aussi l'accidentelle, changent les facultés de l'âme et les mœurs de l'esprit. (p. 648)

Il n'y a donc nul besoin d'envisager des localisations cérébrales différentes pour expliquer les différences d'activité des facultés mentales des différents individus. C'est l'histoire, le vécu de chaque homme, qui modèlent son cerveau et lui donnent ses facultés. Cette résistance à la localisation cérébrale des facultés mentales a perduré de Fernel jusqu'au XXe siècle, puisque, par exemple, le philosophe et psychologue français Henri Bergson (1859-1941) rejetait encore catégoriquement l'existence de sièges distincts dans le cerveau pour les différentes fonctions mentales.

VII. LES PULSATIONS ARTÉRIELLES ET CARDIAQUES ASSOCIÉES À LA RESPIRATION

Les trois derniers chapitres du Livre VI de *La Physiologie* sont consacrés à la respiration et au « pouls », c'est-à-dire aux pulsations artérielles et cardiaques. Beaucoup de notions que la physiologie moderne a considérablement développées sont ici rassemblées par Fernel de façon très sommaire et incertaine.

L'auteur part de l'affirmation, déjà amplement développée dans les livres précédents, que tous les êtres vivants – homme, animaux et plantes – contiennent nécessairement une *chaleur naturelle*. Pour demeurer dans les organismes vivants, cette chaleur naturelle a besoin d'une « coction » continue d'aliments adéquats servant de combustibles et d'une aération constante indispensable pour de bonnes combustions. En conséquence, une diète trop prolongée ou l'obturation des voies d'arrivée de l'air dans l'organisme (les narines, la bouche, le gosier) sont des causes de grand dépérissement de la chaleur naturelle, entraînant la mort.

Inversement, une trop grande chaleur interne « enflamme notre cœur et nos entrailles, dont leur propre substance est consommée et mise en ruine » (p. 633). Dans le même temps, ce que Fernel appelle les « excréments fuligineux » d'une trop grande chaleur interne empoisonnent tout l'organisme, comme une fumée épaisse finit par éteindre une flamme.

Il faut donc que la chaleur interne naturelle de tout être vivant soit constamment rafraîchie pour rester modérée. Dans le cas des poissons, c'est l'eau dans laquelle ils vivent qui les rafraîchit sans cesse. Dans le cas de l'homme et des animaux vivant en milieu terrestre, c'est l'air qui les environne qui a la fonction de les rafraîchir et de modérer leur chaleur naturelle. Cet air très subtil, pourvu qu'il soit appelé à l'intérieur du corps, peut promptement envahir tous les organes des animaux terrestres. La fonction de refroidissement est ainsi remplie par les pulsations artérielles (le pouls) et la respiration associée aux pulsations cardiaques.

1. Le rôle des pulsations artérielles

Fernel confie, de façon originale, un rôle respiratoire et transpiratoire aux artères en pulsation. Il précise, en effet, qu'en se dilatant, les artères attirent l'air pur par de nombreux petits orifices traversant la peau et les membranes et qu'en se resserrant, elles expulsent, par les petits conduits de la transpiration, les « excréments fuligineux » nés des combustions fournissant la chaleur naturelle :

> Car la vertu et la faculté qui, prenant son origine dans le cœur, est envoyée et qui coule par les tuniques des artères, les élève et les abaisse par même moyen et en même temps que le cœur. Quand elles s'élèvent et s'étendent, elles et leurs orifices s'ouvrent, et elles attirent de toutes parts l'air qui nous environne, et la plus subtile portion du sang qui est proche, […] par les anastomoses et les orifices des artères, les uns dans la peau, les autres dans les entrailles et les intestins ou boyaux, les autres dans les veines. […] Quand elles s'abaissent

> et se rétrécissent, les excréments fuligineux et fumeux, qui proviennent des humeurs et des esprits brûlés, sont poussés et jetés dehors par la peau et par les autres parties. De telle sorte que, notre corps étant susceptible de transpirer, les artères, par leur pouls, attirent de toutes parts notre chaleur naturelle afin de la conserver, et elles la transportent dedans toutes les parties du corps, afin de le nettoyer et le purger de toutes sortes d'ordures. (p. 658)

2. Le rôle de la respiration associée aux battements cardiaques

Comme nous l'avons vu au chapitre IV sur les tempéraments, le cœur est, pour Fernel, la partie la plus chaude de l'organisme. Cet organe a donc besoin d'un refroidissement continu pour fonctionner correctement. Ce refroidissement est assuré par les poumons qui s'enflent et se désenflent comme une paire de soufflets, attirant en se dilatant l'air froid du dehors et expulsant, en se contractant, l'air interne chargé des « excréments fuligineux » :

> Car quand le cœur brûle par la flamme de l'ardeur et de la chaleur, et qu'il ne peut pas assez avoir et s'attirer de rafraîchissement par sa pulsation et son agitation, pour lors il presse et pique les poumons et la faculté même du sentiment. Et il fait par une certaine nécessité que la faculté mouvante élève et abaisse doucement le diaphragme et la poitrine, et les poumons qui y sont attachés de côté et d'autre ; et quand les poumons s'élèvent, l'air est attiré dedans iceux comme dedans un soufflet, et il est rendu et poussé dehors, quand ils s'abaissent et se resserrent. De cette sorte donc, l'air froid, qui est attiré au-dedans par l'inspiration, pénètre très promptement jusqu'aux plus profondes et intimes parties, et il y apporte la commodité et l'utilité du rafraîchissement. Car, comme le pouls des artères tempère la chaleur des autres parties, l'inspiration modère l'ardeur du cœur et l'expiration le purge et le nettoie, poussant dehors les excréments fuligineux. (p. 659)

Ce rôle essentiellement rafraîchissant de la respiration pulmonaire est une erreur physiologique qui sera maintenue pendant les XVIIe et XVIIIe siècles, jusqu'à ce que s'établisse la « chimie pneumatique » (la chimie des gaz) de Lavoisier (1743-1794).

Fernel remarque encore que les mouvements du cœur et les pulsations artérielles sont strictement involontaires et qu'elles dépendent seulement d'une « faculté vitale particulière » échappant à la volonté. La respiration pulmonaire, en revanche, dépend partiellement d'une faculté animale puisqu'elle peut être en partie contrôlée par la volonté lors des inspirations ou des expirations forcées. Il est toutefois très dangereux d'interrompre longtemps la respiration, puisque la suffocation et la mort peuvent survenir en ces circonstances. Les mouvements de la respiration ne sont donc pas absolument libres et volontaires.

3. Les mouvements accompagnant la respiration et le pouls

Dans le cas de la respiration pulmonaire, les choses sont claires pour Fernel. Il précise que les muscles thoraciques jouent un rôle majeur : l'abaissement du diaphragme et la contraction de certains muscles intercostaux entraînent la dilatation des poumons et l'inspiration de l'air atmosphérique ; inversement, le relèvement du diaphragme et la contraction d'autres muscles thoraciques entraînent la compression des poumons et l'expiration des « excréments fuligineux ». Selon Fernel, ces « excréments » non assimilables rejetés par les poumons ont deux origines : les éventuelles impuretés présentes dans l'air atmosphérique inspiré (comme des petits fragments de suie) et les « vapeurs brûlées » (également inassimilables) provenant des combustions qui se produisent dans tous les tissus de l'organisme pour donner la chaleur « naturelle » du corps. Fernel ignore tout de la chimie des combustions. Ce sont les travaux de Lavoisier, au XVIIIe siècle, qui donneront les premières notions scientifiques sur les échanges gazeux respiratoires[35].

« L'aspre artère », c'est-à-dire la trachée-artère, est le conduit d'arrivée de l'air froid dans les poumons. L'air extérieur est transformé « convenablement » par les poumons pour être ensuite injecté (par « l'artère veineuse ») dans le ventricule gauche du cœur où il rejoint le sang nourricier venant du ventricule droit. L'esprit vital naît ainsi dans le ventricule gauche et accompagne le sang artériel pour être distribué à tous les organes, en même temps qu'une « chaleur bonne et salutaire ».

> Par l'inspiration, l'air qui nous environne et qui entre par la bouche et les narines dedans l'aspre artère, non seulement remplit les rameaux qui sont répandus dans la substance du poumon, mais presque aussi toute son étendue, de sorte que le poumon élevé et rempli d'air occupe toute la capacité de la poitrine. L'air qui a été attiré et humé prend et reçoit sa première élaboration ou préparation dedans le poumon, et là il est cuit et préparé par la vertu et la faculté de sa chair, qui est entièrement légère, molle et aérée, de sorte qu'il semble principalement être la cause de cet ouvrage, tout ainsi que la chair du foie est la cause de la confection du sang. Car l'air externe, rude, froid et impur, et qui est présentement attiré, ne peut pas être fait l'aliment propre

35. Voir Paul Mazliak, *La biologie au siècle des Lumières*, éd. cit.

> et convenable de l'air interne, mais il faut nécessairement qu'il soit petit à petit changé [...]. Et puis après, l'air étant soigneusement élaboré et préparé, est attiré dedans le ventricule gauche du cœur, duquel, y arrivant aussi la vapeur du sang qui s'est écoulée du ventricule droit, est engendré, comme dedans une fournaise, l'esprit vital, par la faculté et vertu naturelle du cœur, et de son esprit naturel et de la grande ardeur de la chaleur. [L'esprit vital] étant après répandu par le moyen des artères par tout le corps, lui donne et lui communique une chaleur bonne et salutaire.
>
> Les vapeurs brûlées qui se font par cette coction sont jetées et poussées dehors tant par le pouls du cœur et des artères, que par l'expiration du poumon. (p. 664-665)

La circulation du sang dans les poumons, telle que décrite par Fernel, est totalement imaginaire et fausse. La « veine artérieuse » (notre artère pulmonaire) qui va du ventricule droit aux poumons, leur apporte du sang nourricier préalablement élaboré dans le foie. Pour Fernel, le sang veineux (qui circulerait du cœur vers les organes!) ne se charge pas des « excréments fuligineux » produits par les combustions liées à la chaleur naturelle. Par exemple, « le sang subtil qui est dans les veines, dit-il, ne retourne pas du tout par la compression du poumon dans le ventricule gauche du cœur, mais il est poussé dedans la chair pour lui servir d'aliment » (p. 666). Fernel ne suspecte donc pas du tout que le sang puisse passer par une petite boucle de circulation pulmonaire. Pourtant Michel Servet (1511-1533), contemporain de Fernel, avait déjà évoqué cette boucle de circulation pulmonaire dans son ouvrage *Christianismi Restitutio* datant de 1533[36]. L'anatomiste italien Realdo Colombo (1510-1553), autre contemporain de Fernel, est généralement considéré comme le découvreur de cette petite boucle de circulation pulmonaire.

Fernel accorde une certaine autonomie aux pulsations artérielles. Il affirme que la systole cardiaque, comprimant le cœur, correspond aux diastoles artérielles élargissant leur diamètre. À la diastole cardiaque, élargissant les ventricules droit et gauche, correspond, selon Fernel, la contraction des artères. Il n'est pas du tout clair, pour le physiologiste de la Renaissance, que le pouls ne soit qu'une conséquence du mouvement du sang dans les artères, mouvement seulement provoqué par les battements cardiaques. Une faculté vitale particulière fait également

---

36. Voir Paul Mazliak, *William Harvey, la circulation du sang et l'épigenèse des embryons*, éd. cit.

battre les artères en agissant sur leurs tuniques épaisses ; cette même faculté vitale particulière coordonne les battements cardiaques et les pulsations artérielles.

> En après, écrit Fernel, la vertu et la faculté qui est dedans le cœur et qui fait le pouls n'est point aucunement la faculté vitale qui engendre en celui-ci l'esprit vital et la chaleur vitale, car celle-là est mise et réside seulement dans le cœur, et cette autre est conjointe et commune aux artères et au cœur. (p. 668)

Le médecin Fernel sait bien, cependant, que le pouls artériel (que l'on prend par exemple au poignet du malade) « ressemble par une certaine proportion de grandeur, de vitesse et de fréquence au pouls du cœur » (p. 668). Ce qui obscurcit considérablement l'exposé de Fernel, c'est qu'il accorde un mouvement de pulsation autonome aux artères, ce que la physiologie moderne n'a aucunement confirmé et qu'il appelle « faculté vitale particulière » la « vertu » qui fait battre le cœur aussi bien que les artères. L'auteur, qui d'habitude multiplie les dénominations des « facultés efficientes », ne nomme pas ici cette « faculté pulsative » distincte de la faculté vitale produisant l'esprit vital et la chaleur naturelle. Tout ce qu'écrit Fernel, en conclusion de ces chapitres sur le pouls et la respiration, c'est que « cette vertu et faculté du pouls est beaucoup différente de la faculté vitale, et qu'elle est comme sa petite servante et [son] ministre pour aider à la distribution de son esprit et de sa chaleur » (p. 669). Seule la découverte, par Arthur Keith et Martin Flack, en 1907, des noyaux nerveux autonomes situés dans les parois des ventricules cardiaques permettra d'expliquer rationnellement l'origine des battements du cœur[37].

---

37. Voir Marle Boyett et Halina Dobrzynski, « The sinoartrial node is still setting the pace 100 years after its discovery », *Circulation Research*, 100, 11, 2007, p. 1543-1545.

VIII

La reproduction de l'homme

Dans la brève préface qu'il donne au dernier livre de *La Physiologie* (Livre VII), Fernel explique que dans les Livres précédents, décrivant la constitution du corps humain, énumérant les éléments qui le composent et les tempéraments qui en dérivent, il n'a jamais dit que ces données suffisaient à expliquer les facultés physiologiques dont l'homme est « doué et orné ». C'est pourquoi il lui paraît judicieux d'examiner si, au cours de la reproduction de l'homme[38], ou au cours du développement du fœtus, il n'apparaît pas, dans l'organisme en formation, « quelque certaine autre particulière vertu et puissance [...] qui contienne dedans soi les causes des facultés » (p. 672). Fernel affirme, dans cette préface, qu'après une étude très attentive de la reproduction de l'homme, « la principale cause et la raison de toutes les choses que nous avons enseignées dans les Livres précédents sera claire et manifeste » (p. 673). Cette préface ne manque pas de susciter un grand intérêt chez le lecteur.

I. L'ORIGINE DE LA DIFFÉRENCE ENTRE LES SEXES

La reproduction des êtres vivants est le phénomène par lequel une espèce peut continuer à exister après la mort des individus qui la composent à un moment donné. Dans le cas de l'espèce humaine, Fernel insiste sur l'aspect psychologique du désir de reproduction :

> Car c'est une chose qui est dans l'usage commun, que chaque individu, se sentant mortel et périssable, désire et souhaite mettre en sa place quelque autre chose qui lui soit semblable, dans laquelle il transfère en quelque façon sa vie languissante et déclinante, et par laquelle, par le moyen de la génération,

38. Dans l'édition latine originale, Fernel emploie le mot de « *procreatio*, procréation », mais son traducteur en français, Charles de Saint-Germain, use du même vocabulaire qu'Aristote et parle de la « génération » de l'homme.

> retournant quasi comme en enfance et renouvelé, il est fait en quelque façon perpétuel et éternel. (p. 674)

Dans le cas des plantes qui ne peuvent se déplacer, écrit Fernel, la nature a donné les deux sexes, mâle et femelle, à chaque individu, de sorte qu'il se suffise à lui-même pour se reproduire. (Fernel ignore sans doute le cas des plantes dioïques, à sexes séparés ; il semble aussi ignorer les mécanismes de pollinisation des fleurs par le vent ou les insectes.) Les animaux en revanche, écrit Fernel, pouvant se déplacer, ont des sexes séparés et chaque espèce animale comporte des mâles et des femelles. Ainsi les animaux de sexes différents, « n'étant pas entièrement attachés à l'aliment et à la nourriture, se jettent avec toute impétuosité en la génération. Donc, quand ils doivent engendrer, il est nécessaire qu'ils se mêlent et se conjuguent ensemble » (p. 677).

Fernel distingue maintenant les apports de chaque sexe dans la reproduction et définit les sexes mâle et femelle exactement comme Aristote dans son ouvrage sur *La génération des animaux*[39].

> En après toute la vertu et la puissance d'engendrer n'est pas mise dans le mâle, comme n'ayant point de lieu propre pour la génération, c'est pourquoi, dedans les plantes et dedans les animaux, il est nécessaire qu'il y ait l'un et l'autre sexe, la femelle qui fournit le corps et la matière, et le mâle qui donne l'âme et l'espèce. Car le mâle est ce dont provient l'origine du mouvement et de la génération et la femelle, ce qui fournit la matière.
>
> C'est pourquoi le mâle est un animal qui engendre dedans un autre, et la femelle est un animal qui engendre dedans soi. (p. 678)

Pour ces raisons, dans une même espèce, le mâle et la femelle diffèrent entre eux, à la fois en « puissance et faculté » de reproduction, et en anatomie des parties génitales. « D'autant qu'ils engendrent par un embrassement et assemblage, il faut nécessairement qu'il soit au moins jeté et qu'il découle une certaine matière de l'un à l'autre. » (p. 678) Il faut bien noter ici que, pour Fernel, les deux sexes, en définitive, donnent de la matière pour construire le fœtus, fruit de leur « embrassement et assemblage ». Donc, pour notre auteur (qui se démarque ainsi d'Aristote), les deux sexes produisent de la semence où chacun « n'est représenté qu'en vertu et puissance ».

---

39. Aristote, *La génération des animaux*, Paris, Les Belles Lettres, 1961.

Fernel se propose de reprendre la question de la formation de la semence, pour le mâle et pour la femelle, dans la suite de ce Livre VII.

II. LA FORMATION DE LA SEMENCE

Comme nous avons vu dans « la description du corps humain » (voir p. 39) que Fernel attribue des testicules aux femmes (testicules féminins qu'il assimile aux ovaires), la formation de la semence ici exposée est en principe valable pour les hommes et pour les femmes.

Le sang est la substance fondamentale à partir de laquelle se constituent tous les organes. Au fur et à mesure que le sang se transforme en une partie du corps, il acquiert les caractéristiques de la matière constituant l'organe en formation dans le fœtus (ou en renouvellement chez l'adulte, après usure). En chaque partie du corps, il y a toujours un excès de matière transformée à partir du sang. Pour Fernel, la semence résulte de la collecte de tous les excès de matière transformée, naissant à partir du sang dans toutes les parties du corps. Fernel affirme ainsi que la semence naît dans les parties solides du corps. Malgré le titre du chapitre II du Livre VII de *La Physiologie*, « La matière de la semence est générée par les parties solides et elle est séparée d'icelles par les testicules », la démonstration n'est pas parfaite.

> Toutes les parties solides tirent leur origine et leur naissance de la semence, donc elles sont toutes nourries de la semence [...], la portion la plus pure et la plus cuite et élaborée du sang. (p. 682)

Ceci indique clairement que toutes les parties solides du corps se forment à partir de la semence mais n'explique pas vraiment comment s'est formée cette semence. Fernel reprend donc la question, tout en sachant très bien que beaucoup de problèmes concernant la formation de la semence n'étaient pas résolus et restaient encore très débattus à son époque.

Est-ce que toutes les parties du corps contribuent à former la semence ? Fernel ne le pense pas et suggère que n'interviennent obligatoirement dans cette formation que les seules parties principales de l'organisme : cerveau, cœur et foie. Pour les autres parties du corps, qui peuvent se regrouper en catégories (os, cartilages, ligaments, vaisseaux sanguins, nerfs, membranes), il suffit que la semence contienne de petites quantités des matières pouvant donner tous les organes d'une catégorie. Ainsi une petite quantité particulière de semence pourra donner n'importe quel type d'os, une autre, n'importe quel type de cartilage, une autre, n'importe quel type de nerf, etc.

> En après la semence paraît simple et chaque portion d'icelle féconde, comme on peut le voir et remarquer dans les animaux qui dans une seule conjonction et d'un peu de semence produisent plusieurs fœtus. Donc puisque chaque partie de la semence a la vertu et la faculté du tout, par le moyen de laquelle elle forme tout le corps, toute la semence n'a pas pu de force découler de tout le corps, que de chaque partie il fut fait un découlement d'une partie semblable [...]. Mais néanmoins il faut nécessairement qu'elle découle du cerveau, du cœur et du foie, qui sont les trois principes, et du cerveau en grande quantité [...]
>
> Il y en a qui estiment qu'elle ne découle pas seulement des principes, mais aussi de toutes les parties similaires, non pas en effet de chaque os ou nerf; mais que de quelque os, nerf, membrane et cartilage, il est donné quelque matière de semence. Et en après que ce qui est découlé du nerf, ou de l'os, est fait dans la conception, non seulement la matière de cet os, ou de ce nerf, mais celle de tous les nerfs ou de tous les os. Et partant, que d'un peu de semence, ainsi que de la matière, sont faites toutes les parties similaires, et cela par ce moyen et l'aide de la vertu et de la faculté qui étant dedans la semence, forme toutes choses. (p. 688-689)

Les avis des anciens auteurs sur la formation de la semence sont multiples.

> Aristote estime que c'est du sang par ce signe que si elle est rendue avec force et une grande violence, n'étant point encore entièrement changée et convertie par la vertu et la faculté des testicules (comme il arrive à ceux qui s'adonnent par-dessus toute mesure à la génération) elle sort pour l'ordinaire toute rouge et sanglante. (p. 680)

D'autres auteurs ont prétendu que la semence se formait dans les vaisseaux spermatiques.

> Les vaisseaux spermatiques qui aboutissent avec plusieurs sinuosités et entortillements dedans les testicules, si on les considère attentivement et soigneusement, l'on reconnaîtra qu'ils contiennent du sang qui commence déjà un peu à blanchir, qui toutefois n'est pas encore arrivé aux testicules. [...] C'est signe que ces vaisseaux cuisent et font en quelque façon la semence, qu'ils ont bien longtemps retenue en eux-mêmes. [...] Or est-il que les vaisseaux

> spermatiques sont du nombre des veines, et ils ont avec icelles une commune substance ; partant donc, dedans les autres veines répandues par tout le corps, la nature, la vertu et la faculté de pouvoir engendrer de la semence n'y manquera pas. [...]
> Maintenant donc, si les veines ont reçu de la nature cette fonction et cette dignité d'engendrer de la semence, certainement à plus forte et meilleure raison il y aura une même vertu et faculté dedans les artères, les nerfs, les membranes et les os. (p. 682-683)

Or, comme lors des accouplements, la semence qui passe d'un animal à l'autre, du mâle à la femelle, provient des testicules, il faut bien que la semence, formée de tous les excès de matière transformée à partir du sang, dans les régions principales du corps et dans les organes de toutes catégories, se rassemble finalement dans les testicules. Les testicules attirent les portions de semence formées en différents points du corps comme le rein attire l'urine, le foie attire le chyle, la rate « l'humeur mélancolique » et la vésicule du foie la bile jaune.

> Comme dedans la rate il y a une certaine vertu et faculté attractive destinée pour attirer l'humeur mélancolique, et une autre vertu et faculté dans les reins pour attirer l'urine, de même il est convenable qu'il y ait dedans les testicules une certaine vertu et faculté par le moyen de laquelle ils invitent et attirent à eux la matière de la semence [...] Et d'autant que cette vertu et faculté est en eux très grande et véhémente, et qu'elle pénètre et se répand dans tout le corps, ils tirent et attirent de tout le corps une plus grande abondance et quantité de matière qu'il ne leur est nécessaire. [...] Cette attraction dure et continue tant que les vaisseaux spermatiques et les testicules soient remplis et elle ne discontinue et ne cesse point que premièrement les testicules ne soient enflés et rassasiés. (p. 685)

Polybe et Hippocrate prétendent que la semence ne se forme qu'au moment de l'éjaculation, mais les observations suivantes, rapportées par Fernel, ne confirment pas leur opinion. Quand un animal (qui n'a pas eu de rapports sexuels pendant un certain temps) est disséqué, une semence abondante et épaisse sera trouvée dans les vaisseaux spermatiques, les testicules et l'épididyme ; en revanche, après des rapports multiples, ces parties seront vides. Donc, conclut Fernel, la semence qui s'est accumulée avant le coït a été attirée de tout le corps par le pouvoir des testicules.

III. LE GRAND RÔLE DES TESTICULES DANS LA REPRODUCTION

Comme Fernel ne fournit aucune illustration pour accompagner son texte, il faut se reporter au traité de *La fabrique du corps humain* de Vésale, datant de 1543, pour trouver une représentation de l'appareil génital masculin, tel que l'envisageaient les anatomistes de la Renaissance (figure 13a).

Dans un chapitre spécial (le troisième du Livre VII de *La Physiologie*), Fernel souligne le grand rôle joué par les testicules dans la vie des hommes mâles et dans la reproduction.

Les individus castrés ne peuvent plus fabriquer de semence ; ils ont perdu toute puissance sexuelle pour copuler. Ils perdent ainsi tout tempérament et tout comportement virils, même s'ils sont jeunes. Leur corps devient pâle, lourd, laid, obèse ; ils sont moins poilus. Les altérations du comportement viril se voient aussi chez les hommes atteints de maladies vénériennes (Fernel parle de « gonorrhée ou de chaudepisse ») dont la semence est devenue stérile. Les testicules sont donc directement la cause de la vigueur mâle. Ils déversent dans tout le corps une grande force et une grande chaleur, de la même façon que le cerveau envoie dans tout le corps, par les nerfs, les pouvoirs de la sensation et du mouvement. Les animaux sans testicules (comme les poissons, les serpents ou les insectes, précise Fernel) ont une reproduction longue et imparfaite. On peut constater ici que les connaissances naturalistes de l'auteur sont très rudimentaires.

Fernel affirme ensuite que les testicules sont, en définitive, les générateurs de semence les plus importants. Les vaisseaux spermatiques, qui rassemblent les portions de semence venues de tout le corps, préparent en quelque sorte la semence définitive. Mais, dans les testicules, la semence finale « se cuit, et étant disposée, elle se perfectionne pour la génération de l'animal, et ce par la force de la chaleur de ces vaisseaux qui environnent les testicules, comme aussi par la vertu naturelle des testicules eux-mêmes » (p. 695).

Fernel revient ensuite sur « la composition de la semence et sur ce qu'opèrent les testicules dans sa confection » (titre du chapitre IV du Livre VII). Il montre, dans ce long chapitre, que le rôle essentiel des testicules consiste à mêler intimement à la matière de la semence les esprits reçus de toutes les parties principales du corps par les veines, les artères et les nerfs.

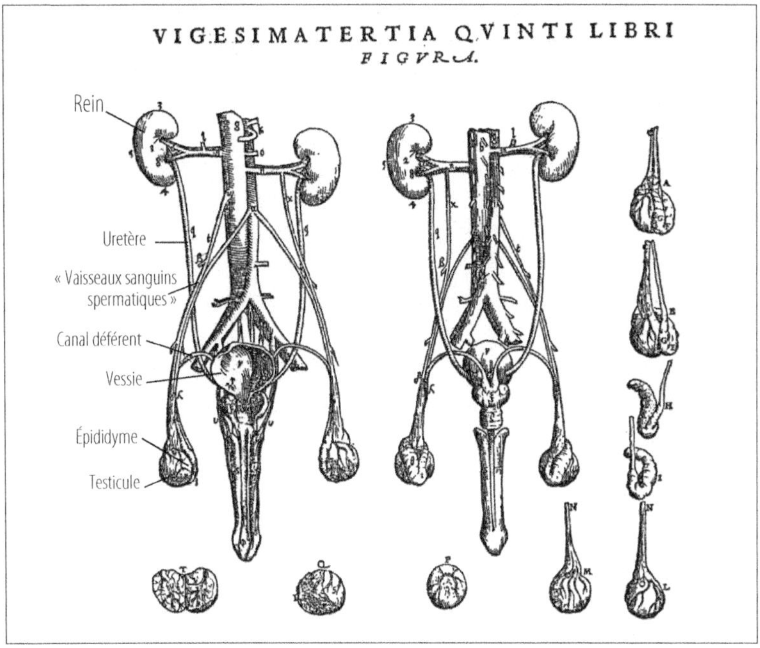

Figure 13a. Figure du livre V de *La Fabrica* de Vésale montrant deux vues de l'appareil génital masculin entourées de croquis figurant divers aspects des testicules isolés, des canaux déférents et des épididymes accolés aux testicules.

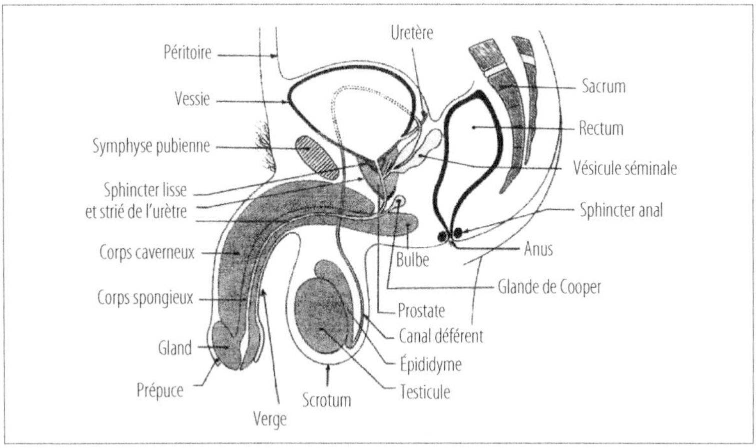

Figure 13b. Pour comparaison, vue anatomique moderne (en coupe sagittale) de l'appareil génital masculin montrant un testicule accompagné de l'épididyme et le canal déférent se jetant dans l'uretère au niveau de la prostate. Les vésicules séminales ne sont pas mentionnées par Fernel.

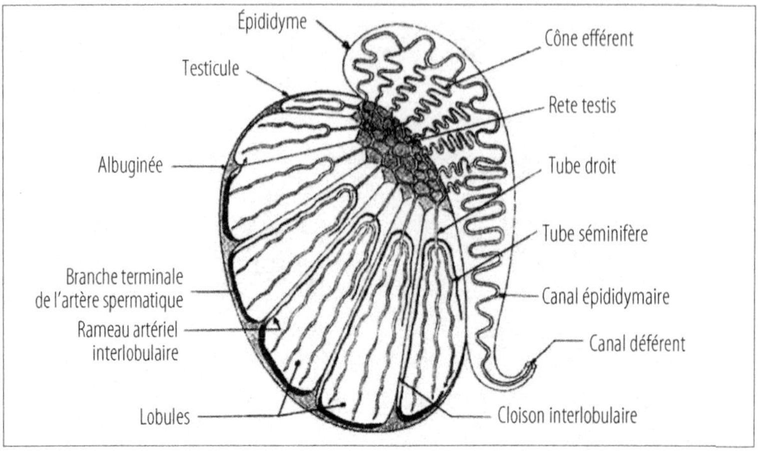

Figure 13c. Coupe anatomique moderne d'un testicule accompagné de l'épididyme.

> La matière de la semence, encore bien qu'elle soit si parfaitement bien cuite par la vertu et la faculté des vaisseaux spermatiques et des testicules, qu'elle est rendue plus épaisse et plus blanche, néanmoins toutefois la semence ne peut pas de là prendre et contracter la nature parfaite de la fécondité s'il n'y a une grande abondance d'esprits qui y affluent et s'ils ne sont pas profondément mêlés et confondus avec la matière. D'autant que la cause de ces choses est que les artères qui accompagnent les vaisseaux spermatiques procèdent de l'aorte et sont conduites dans les testicules, d'où l'on peut reconnaître que par ces vaisseaux [spermatiques] il est donné la matière à la semence et par les artères la forme et la faculté, et par icelles il découle dedans les testicules l'esprit vital, et par les veines du foie l'esprit naturel, et par les nerfs du cerveau et de la moelle de l'épine du dos l'esprit animal. […] Ces vertus donc et ces facultés, qui sont découlées avec les esprits de tout le corps et principalement des principales parties, sont enfin dedans la matière de la semence comme les maîtresses et les opératrices de la génération ; c'est pourquoi les testicules ne donnent pas la vertu à la semence d'être féconde, mais elle la reçoit de tout le corps. (p. 699-700)

Ce texte de Fernel, très clair, indique que, malgré son rôle prééminent, ce n'est pas le testicule qui donne son pouvoir de procréation à la semence, mais que ce sont toutes les parties du corps qui fournissent matière et esprits. Les testicules « cuisent » la semence comme les mamelles préparent le lait. Les testicules seuls ne confèrent aucun « pouvoir générateur » à la semence : plus simplement, ils associent étroitement aux matières transformées à partir du sang dans chaque organe, l'esprit naturel venu du foie, l'esprit vital venu du cœur et l'esprit animal venu du cerveau :

> Car les testicules, conclut finalement Fernel, n'ont pas une vertu naturelle par le moyen de laquelle ils changent les esprits découlés de tous côtés en la nature d'un seul et simple esprit génératif; mais s'il y a dans nous quelque esprit génératif, c'est une union et un certain mélange de tous. (p. 701)

IV. LA SEMENCE EST LA CAUSE DE LA PRÉSENCE EN NOUS DE TOUS LES ESPRITS ET DE TOUTES LES FACULTÉS

Dans le chapitre v du Livre VII de son ouvrage, Fernel répond à la question qu'il avait hardiment posée dans la préface de ce livre sur la reproduction de l'homme. Quelle est la cause ultime de la présence, dans l'organisme humain, de toutes les facultés physiologiques dont cet organisme est « doué et orné » ? La réponse de Fernel, au premier abord assez lumineuse, est la suivante : toutes ces facultés sont apportées à l'homme par la semence, essentiellement grâce aux esprits qu'elle contient. Nous verrons ci-dessous qu'à cette réponse claire se rajoute une partie plus mystérieuse.

La semence féconde, chaude et humide, contient les esprits et se gonfle comme une écume quand la chaleur l'agite. Fernel note que les Grecs avaient symboliquement fait naître Vénus Aphrodite de l'écume de la mer. Mais en plus des esprits venus du corps, la semence féconde contient aussi – c'est la partie mystérieuse de la formation de la semence, selon Fernel – un esprit céleste, d'origine divine, provenant de « l'élément des étoiles ».

> Mais la propre raison et essence de chaque chose, par laquelle elle est telle qu'elle est dite être, ne provient aucunement des éléments. Car tout ainsi que l'essence et la raison ou la nature de l'homme, l'âme qui est dans l'homme a une origine plus divine que celle qui provient des éléments. Ainsi l'essence et la raison de la chair par laquelle elle est chair, ou de l'os par laquelle il est os, ne prend point sa nature des éléments condensés et agrégés [dans ces parties du corps] ; mais elle prend de l'élément des étoiles une nature entièrement céleste, et cette nature consiste en un certain esprit, et cet esprit est dans la semence, par laquelle elle est donnée au tout qui est engendré. Presque de la même façon, la propre et particulière nature, tant de tous les autres animaux

> que des plantes, est engendrée d'une origine céleste. De là, ils [les êtres vivants] ont certaines facultés plus occultes et cachées, que l'on appelle aussi célestes, qui ne sont point du tout provenues du tempérament des éléments. (p. 710)

Ce texte n'est pas tout à fait clair, sauf sur un point : toute semence, animale ou végétale, mêle aux éléments et aux esprits reçus du corps un esprit « occulte », d'origine céleste, qui lui permet vraiment d'engendrer. Donc, pour Fernel, la semence humaine a reçu avec les esprits corporels et l'esprit céleste tous les pouvoirs de l'âme humaine. Une fois dans la matrice de la femme, la semence se nourrit et grandit : elle a donc reçu l'âme nutritive (ou naturelle) apportée avec l'esprit venu du foie. Progressivement la semence se transforme en fœtus qui montre bientôt qu'il est sensible et qu'il peut bouger : donc la semence contenait l'âme sensitive apportée par l'esprit animal venu du cerveau. Enfin, si au cours de son développement, l'enfant né de la semence a le pouvoir de raisonner, c'est que l'âme rationnelle lui a été transmise en même temps que l'esprit céleste venu des étoiles.

En définitive, dans sa conception de la semence, Fernel reprend en grande partie les idées d'Aristote exposées dans la *Génération des animaux*. Il est rationnel quand il expose l'origine des parties matérielles et des esprits mêlés dans la semence. Il est bien mystérieux quand il fait appel à un esprit céleste, d'origine divine, pour rendre la semence féconde et lui permettre de transmettre à l'enfant toutes les « vertus et facultés de l'homme ».

V. La semence des femmes et le sang menstruel

Jean Fernel se distingue clairement d'Aristote en admettant que les femmes aussi produisent de la semence pour la reproduction des êtres humains. Pour Aristote en effet, les femmes fournissaient la matrice (l'utérus) pour héberger, à l'intérieur de leur ventre, le fœtus en formation et la matière des coulées sanguines menstruelles pour nourrir le fœtus pendant son développement (le savant grec savait que les règles des femmes disparaissent pendant la grossesse).

Pour Fernel, les femmes aussi « jettent de la semence » pendant un accouplement. Premier élément de démonstration : les femmes ont des testicules (les ovaires) et des vaisseaux spermatiques « entortillés » (sans doute les trompes de Fallope) tout comme les hommes. Deuxième élément de démonstration : l'observation des parties génitales des femmes qui n'ont pas eu de rapports sexuels depuis longtemps.

> La vérité de cette chose [l'existence d'une semence féminine] est confirmée et prouvée par le témoignage des sens. Car ouvrant les corps des femmes qui se sont longtemps abstenues du coït, l'on voit dedans leurs vaisseaux de la semence qui est découlée, et qui commence déjà à blanchir, ainsi que dans les mâles, et dans les testicules mêmes de la semence plus crasse, plus épaisse et plus parfaite. Bien plus, elles avouent qu'en dormant elles jettent quelquefois de la semence, non pas avec moins de plaisir que dans le coït. Aux veuves et dans celles qui se sont longtemps retenues de la compagnie vénérienne, il leur sort, par le chatouillement de leurs parties honteuses de même qu'en dormant, une très grande abondance de semence très épaisse. Ces choses étant confirmées par l'inviolable foi des sens, il n'en faut point chercher ailleurs des raisons pour montrer qu'il y a de la semence dans les vaisseaux spermatiques des femmes et qu'elles la jettent dedans le coït avec très grand plaisir. (p. 712-713)

Ces « observations » de Fernel nous paraissent aujourd'hui largement interprétées dans le sens voulu pour la démonstration. Cependant cet appel de l'auteur à l'inviolable confiance qu'il faut accorder au témoignage des sens doit être souligné. C'est un premier pas détachant le savant du seul commentaire des œuvres des Anciens. Cet effort vers l'observation ou la démonstration « expérimentales » ira s'amplifiant tout au long de la Renaissance.

Fernel ajoute enfin un troisième élément de démonstration de la participation d'une semence maternelle dans la procréation : il considère à ce sujet les ressemblances fréquentes de l'enfant avec sa mère. Il note qu'une femme affectée d'épilepsie, de la goutte ou de la gravelle porte une descendance qui hérite de ces maux. (L'auteur de *La Physiologie* reviendra plus loin sur le problème de l'hérédité.)

Donc il existe bien une « semence de femme ».

Néanmoins, Fernel souligne que la semence féminine seule ne suffit pas à donner un fœtus ; cette semence n'est efficace dans la reproduction qu'en conjonction avec la semence masculine. De même, la semence mâle seule ne suffit pas non plus à construire un embryon. La conjonction entre les deux semences, mâle et femelle, est donc obligatoire pour la procréation.

Mais les deux semences n'ont pas un rôle équivalent. Suivant en partie Aristote, Fernel reconnaît que la contribution de la semence femelle à la reproduction est moins importante que la contribution de la semence mâle.

Il écrit en effet :

> Donc la semence découlée des parties similaires de la femme a quelque certaine vertu pour la composition et la formation des parties similaires, encore que certainement elle [cette formation] soit moindre, et plus faible et débile, que celle qui provient de la semence mâle. (p. 713)

C'est la semence mâle qui met en mouvement le mélange des semences après le coït pour déclencher le développement du fœtus (le lecteur pourrait en conclure que « l'esprit céleste venu des étoiles » réside essentiellement dans la semence mâle), « car nous savons très bien, écrit encore Fernel, que les œufs que les poules engendrent sans le coq [...] sont stériles et inféconds » (p. 718). Cette concession de Fernel à la doctrine bien établie d'Aristote ne découle pas d'observations très probantes. Disons que sur ce point, le physiologiste de la Renaissance se met simplement en conformité avec une tradition bien établie depuis l'Antiquité.

Malgré tout, dans la conclusion de ce chapitre consacré à la semence des femmes, Fernel se démarque clairement des conceptions d'Aristote qui n'accordait aucune faculté générative à la femme.

> Il reste donc que les vertus du mâle et de la femelle se conjoignent, non pas seulement d'autant que la femelle fournit la matière, mais parce que les vertus des deux étant jointes, confuses et mêlées ensemble, il en provient une seule semence des deux qui est propre pour la génération. Et icelle étant douée de ses vertus et facultés entières et parfaites, elle s'emploie comme l'ouvrier sur la matière sujette. (p. 719)

Pour Fernel, le sang des menstrues est une portion du sang surabondant dans toutes les parties du corps de la femme qu'elle n'a pas réussi à « cuire » et à transformer en semence. Comme elle est beaucoup plus froide de tempérament que le mâle, son pouvoir d'élaboration de la semence à partir du sang (ou des matières transformées) est beaucoup plus réduit que celui du mâle. De plus, « elle n'a point de poils, de cornes, d'ongles et d'autres parties dans lesquelles la masse superflue [du sang] a accoutumé de se changer » (p. 721). D'où la nécessité, pour la femme, de se purger tous les mois de ces excès de matières sanguines : ce sont ses règles qui accomplissent cette purge.

Le sang et les matières surabondantes arrivent par la veine Cave dans les veines de la matrice (l'utérus) et de là elles s'écoulent au dehors par « les parties honteuses ». Dans ces précisions apportées par Fernel, une fois de plus le sens de la circulation du sang est inversé : les veines, pour le physiologiste de la Renaissance, laissent s'écouler le sang loin du cœur ! Après la puberté, les règles de la femme se produisent à des périodes bien déterminées par les « perpétuels et immuables cours de la lune, laquelle selon la diversité de la lumière, tantôt croissant et tantôt décroissant, mesure le mois et ainsi gouverne et régit les humeurs de l'homme [et de la femme] » (p. 723).

Mais le sang des règles est un sang corrompu, susceptible, selon Fernel, de provoquer diverses maladies s'il arrive à contaminer la mère pendant la grossesse.

> Où va donc, dans les femmes grosses, ce sang corrompu, que nous avons appelé menstruel ? La plus petite partie demeure dedans les veines aux environs de la matrice et la plus grande partie est mêlée dans le reste du plus pur sang. D'où vient que, d'autant que la vertu et la force de la nature ne peut vaincre et surmonter toute sa malignité, il arrive aux femmes grosses plusieurs maladies et incommodités : une pesanteur du corps, une mauvaise couleur en la face, des enflures de rate, des varices, la maladie dite malacia, c'est-à-dire envie de manger des choses étranges, et pour dire en général, par la rétention d'icelui [de ce sang corrompu] elles sont plus enclines à toutes sortes de maladies que celles qui ne deviennent point grosses.
>
> La nature aussi le [ce sang corrompu] retient au dedans, crainte que s'il sortait au dehors, l'aliment utile au fœtus ne s'écoulât conjointement avec lui. C'est pourquoi la nature pourvoyant à la génération d'un nouveau fœtus met bien souvent la vie de la mère en danger. Donc le fœtus n'est point nourri du sang menstruel, si par ce nom nous entendons ce sang corrompu qui est la purgation et l'excrément du [sang] plus pur. (p. 725)

Dans ce paragraphe, Fernel abandonne à nouveau les conceptions d'Aristote sur la nourriture du fœtus : ce n'est plus le sang menstruel qui nourrit l'enfant en formation mais bien du sang très pur arrivant de la mère. Fernel rejoint ainsi la physiologie moderne.

VI. LES DÉBUTS DU DÉVELOPPEMENT DE L'ÊTRE HUMAIN

Pour Fernel, le plaisir érotique, ressenti tout particulièrement par les hommes, grâce au nerf creux qui parcourt la verge et qui se remplit d'esprits au moment de l'accouplement, favorise l'éjaculation brusque de la semence mâle dans le col de la matrice (l'utérus). Pendant le coït, la matrice de la femme attire fortement et « embrasse étroitement » les semences mâle et femelle mêlées ; dès lors la matrice peut rendre féconde ce mélange de semences, comme la terre, par sa chaleur et son humidité, fait lever la graine qu'on y a semée. Cette fécondation initiale du mélange de semences, c'est ce que Fernel appelle, la *conception.*

> La conception est donc l'action propre et particulière de la matrice, par la propriété de laquelle la vertu et la puissance de la semence est recueillie, et elle fait et accomplit en effet son office et sa fonction naturelle. Car tout ainsi que la terre qui porte et qui est fertile fomente et entretient par la chaleur la semence qu'elle a reçue, puis après la fait lever, la meut et la pousse pour engendrer, de même la matrice féconde par sa vertu naturelle qui n'est point accordée à aucune autre partie. La matrice recueille la vertu de la semence qui est assoupie, et la puissance qui est cachée en elle, et elle l'aiguillonne et la provoque pour agir. [...] Pour lors la semence commence à travailler à son ouvrage, ce qu'auparavant elle n'eut pu aucunement faire. [...] C'est pourquoi la puissance de la semence paraît en acte et est recueillie par la vertu de la matrice et cette vivification des semences est la conception. (p. 732)

En physiologie moderne, le terme « fécondation » (que Fernel nomme « conception ») a évidemment un tout autre sens : c'est la fusion des gamètes (cellules reproductrices) mâle et femelle, qui donne la première cellule de l'embryon. Fernel ignore tout évidemment de l'organisation cellulaire des êtres vivants, de la formation des gamètes et de leur fusion ; ces notions n'apparaîtront en biologie qu'à la fin du XIXe siècle[40]. Il ne peut donc imaginer les débuts de l'édification d'un fœtus qu'en assimilant ce développement à la levée d'une graine semée en terre.

Fernel ajoute que pour une bonne « conception », il faut que les plaisirs érotiques de l'homme et de la femme coïncident. Si les délais entre les émissions de semences mâle et femelle sont trop grands, ou si la matrice n'est pas en parfait état (soit trop sèche, soit trop humide), si elle n'est pas entièrement purgée du dernier sang menstruel, la fécondation des semences n'a pas lieu. Ces remarques constituent la seule et très fruste perception du cycle hormonal ovarien de la femme par le physiologiste de la Renaissance.

Fernel décrit ensuite la formation de l'embryon au centre de la « matrice ».

---

40. Voir Paul Mazliak, « La théorie cellulaire », in *Les fondements de la biologie. Le XIXe siècle de Darwin, Pasteur et Claude Bernard*, Paris, Vuibert/Adapt, 2002, p. 57-76.

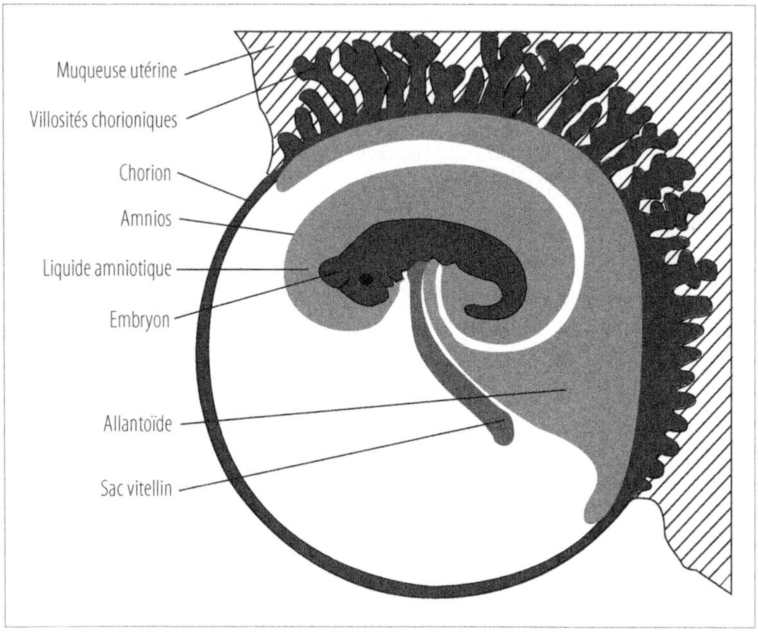

Figure 14. Annexes embryonnaires d'un mammifère placentaire
(d'après un dessin original d'Éric Walravens).

Dans l'embryon humain le sac vitellin n'est pas fonctionnel. En embrytologie moderne, l'allantoïde forme le sac membranaire contenant l'urine rejetée par l'embryon au tout début du développement du fœtus ; plus tard l'urine s'accumule dans l'amnios.

> Aussitôt [après la conception], dès le premier ou second jour, les parties les plus subtiles, les plus chaudes et qui abondent d'avantage en esprits, se retirent au-dedans et au milieu de toute la masse. Et les parties crasses et épaisses, et les plus terrestres, les environnent et les enveloppent tout à l'entour, desquelles, étant devenues plus dures et resserrées par l'attouchement et la chaleur de la matrice, sont faites les membranes qui enveloppent le fœtus. […]
>
> Car d'autant que la semence est gluante et cohérente de toutes parts, elle est par la chaleur rendue plus épaisse et elle est plus condensée et la face externe et dernière se fait en consistance de membrane.
>
> Pendant ce temps, tout ce qu'il y a de subtil dans la semence se convertit et devient esprit. (p. 736-737)

Fernel poursuit en décrivant trois membranes ou sacs membranaires externes à l'embryon : l'allantoïde, le chorion et l'amnios ; ce sont les trois annexes embryonnaires présentes chez les Mammifères (figure 14).

Sans aucun dessin de l'auteur pour illustrer cette embryologie, le lecteur a beaucoup de mal à bien situer ces membranes autour du fœtus en développement.

> La membrane qui est faite la première de toutes est l'allantoïde, ainsi appelée parce qu'elle ressemble à une andouille ou une saucisse [en grec *allas*, saucisse] ; elle est en effet déliée et faible et plus étroite que celle qui environne et qui enveloppe le fœtus qui est conçu. [...] Cette autre membrane, que les Latins appellent secondine et les Grecs chorion, est étendue par des contours longs et étroits [les villosités chorioniques, probablement] de l'un à l'autre bout [de la matrice] et par ce moyen est attachée aux cornes de la matrice. Ce chorion croît et s'épaissit. [...] Et d'autant qu'elle est légère, elle est attachée et adhérente à la matrice par les orifices des vaisseaux qui aboutissent dedans la matrice. Ces orifices par lesquels la semence attire à soi la nourriture sont dits cotylédons, car la membrane [le chorion] est percée, comme étant encore molle et fraîchement épaissie et condensée. Outre ces membranes, il y en a une certaine troisième engendrée et appelée Amnios ou Agnelette, qui environne et qui enveloppe de toutes parts tout le fœtus, qui certainement est forte et qui doit être le réceptacle ou le réservoir de l'urine. (p. 736-737)

Ce texte de Fernel, très sommaire dans ses descriptions, est tout à fait confus et comporte bien des erreurs. En embryologie moderne, c'est l'allantoïde qui forme le sac membranaire contenant les excrétions urinaires de l'embryon au tout début du développement. Plus tard le fœtus urine dans l'amnios. L'amnios constitue « la poche des eaux » pleine du liquide amniotique dans lequel baigne le fœtus. Le chorion, comme l'indique Fernel, tapisse complètement la paroi de l'utérus et envoie de nombreuses villosités à l'intérieur de cette paroi. Fernel voit juste quand il dit que le chorion est à l'origine du placenta nourricier du fœtus, placenta qu'il désigne sous le terme de « cotylédons ».

VII. FORMATION SUCCESSIVE DE TOUS LES ORGANES DANS LE FŒTUS

C'est « l'esprit » formé naturellement dans la semence, à partir de tous les « éléments subtils » qui lui ont été donnés en même temps que les matières, qui prend toute la force générative et qui « est le premier auteur de la génération » (p. 737).

Fernel décrit d'abord la formation des premiers organes du fœtus : cœur, foie et cerveau.

> Enfin cet esprit, ayant dedans soi les facultés et étant l'instrument de la nature, il bâtit et forme trois bouteilles au milieu de la semence, comme trois gouttes très claires et transparentes, qui pour lors se montrent être prochainement des certains traits et principes des trois principales parties, savoir du cœur, du foie et du cerveau. Néanmoins toutefois cet esprit n'est pas en icelles comme fixe et adhérent, mais il vague par tout le corps de la semence, tantôt se portant aux parties externes, et tantôt assistant à la membrane qui est déjà rendue et faite un peu crasse [épaisse], et puis retournant au milieu de la semence, comme il a été remarqué par Hippocrate.
> Il n'y a aucune partie de la semence qui soit exempte de son attouchement. (p. 739)

Cette description de Fernel se distingue nettement des affirmations d'Aristote qui faisait apparaître en premier le cœur, seul. Fernel a besoin des trois « esprits fondamentaux » pour faire vivre le fœtus ; il fait donc apparaître en premier lieu les trois organes produisant ces « esprits fondamentaux » : esprit naturel (dans le foie), esprit vital (dans le cœur) et esprit sensitif (dans le cerveau). Fernel reprend ensuite l'exposé de la formation des organes dans le fœtus en expliquant à partir de quelles fractions de matière séminale se mettent en place les différents organes.

> La semence conçue n'est jamais oisive, mais dès le commencement toutes les parties s'emploient, chacune à son ouvrage, [...] encore qu'elles n'acquièrent pas toutes ensemble leur entière et accomplie perfection. [...]
> Les portions de semence qui sont découlées des trois principes des parents paraissent au milieu de la semence comme divisées en trois bouteilles remplies d'esprits et de facultés. Ces bouteilles sont les premiers commencements du foie, du cœur et du cerveau. Et pour lors aussi la faculté génératrice change et convertit la matière de la semence et la rend propre et disposée pour la formation : et c'est pour cela que quelques parties qui paraissent être un peu crasses [épaisses] doivent être converties en os ; quelques autres, subtiles et liquides, desquelles sont faites les nerfs, les veines et les membranes. Ainsi est faite une certaine préparation et disposition de toutes les parties pour leur formation future. (p. 744)

Ce tableau de l'organisation progressive du fœtus s'achève par les données d'observation du développement *in utero* que Fernel a pu faire ou recueillir. « Il faut juger des choses obscures, non seulement par la subtilité de notre esprit, écrit-il, mais aussi par l'observation. »

On doit souligner que cette façon d'exposer le développement du fœtus humain est déjà très moderne.

> Dès le septième jour, l'on peut déjà voir quelque chose de cet ouvrage, mais bien manifestement au quinzième, quand, dans la semence, les parties sont déjà apparentes [...]. Pour lors, il sort du foie et la veine porte et la veine cave en plusieurs petits rejetons, et du cœur l'artère [aorte], et du cerveau la moelle de l'épine en façon de queue, de laquelle sortent les nerfs plus déliés que toiles d'araignées; [puis apparaissent] le ventricule, les intestins ou boyaux, la vessie, l'enveloppe du cœur, [...] la plèvre, le péritoine, les deux méninges, et enfin toutes les membranes sont étendues avec force et fermeté. La peau croît par-dessus, elle aussi faite de la semence, et elle couvre tout le corps [...]. Les os acquièrent leur figure et petit à petit leur dureté de la semence bien resserrée et condensée; après les os, tout ce qu'il y a, qui coule par la force et la vertu de la chaleur en façon d'écume, est mis en partie aux environs des os pour la formation des ligaments, et en partie se répand aux environs et en long, afin que la membrane appelée par les Grecs périoste soit faite. Et au vingt-septième jour toutes les parties paraissent en quelque façon déjà disposées et formées, mais parfaitement dans les mâles au trentième jour et dans les femelles au trente-sixième. (p. 745)

Fernel a maintes fois observé qu'un fœtus, rejeté dehors au quarantième jour, « ayant la grandeur d'un demi-doigt », est entièrement formé; la tête est alors grosse comme une noisette et de taille démesurée pour le reste du corps; les yeux sont « comme des yeux de crabes »; tous les membres sont alors apparents. Jusqu'ici, la matière des semences a suffi pour l'élaboration complète du fœtus. Entre le trentième et quarantième jour, le fœtus grandit et sa nourriture est assurée par le foie et le sang de la mère arrivant par la matrice. De la chair est ajoutée aux parties formées antérieurement.

Certaines parties du corps sont générées plus vite que les autres. Les membres sont formés tous en même temps, mais les os les plus grands avant les plus petits. Les parties autonomes sont formées les premières, les parties dépendantes sont formées ensuite. Les parties supérieures sont formées avant les parties inférieures, les parties internes avant les parties externes, les os, les veines, les nerfs (qui dérivent de la semence) avant les chairs, les muscles ou les ligaments (qui dérivent du sang).

L'assèchement progressif du fœtus sous l'effet de la chaleur entraîne le renforcement des os, des membranes de la peau puis la formation des ongles et des cheveux. La faculté sensitive apparaît dans le fœtus à partir du trente-sixième jour, quand la femme prégnante commence à sentir le fœtus bouger ; le fœtus mâle se meut vraiment dans le liquide qui l'entoure vers le troisième mois et le fœtus femelle vers le quatrième mois.

Le grossissement du fœtus se poursuit jusqu'au neuvième mois. Le fœtus réclame alors plus de nourriture et plus d'air pour refroidir sa chaleur interne. Il se ménage lui-même une voie pour sortir et l'accouchement se produit quand le col de la matrice s'est largement ouvert et que les contractions du fond de l'organe chassent le fœtus vers l'extérieur. L'enfant nouveau-né crie puis suce le lait des mamelles « sans aucun maître » pour le lui apprendre.

Les descriptions embryologiques de Fernel se révèlent en définitive extrêmement sommaires, très incomplètes. Mais on peut cependant apprécier l'effort du physiologiste de la Renaissance pour n'introduire aucune « cause occulte » dans le développement du fœtus. L'étude qu'il présente se veut entièrement rationnelle, fondée sur les observations dont dispose l'auteur ; les quelques lois générales qu'il énonce paraissent pertinentes. Il faut aussi remarquer que si les auteurs de l'Antiquité (notamment Aristote) ont bien suivi le développement embryologique des œufs d'oiseaux, Fernel est précurseur en décrivant le développement du fœtus humain. Mais sans la théorie cellulaire, sans les notions de feuillets embryonnaires, de gastrulation, d'induction, etc., Fernel ne pouvait donner que quelques vues très schématiques sur l'embryogenèse humaine. L'embryologie animale ne prendra véritablement son essor qu'à la fin du XIXe siècle.

VIII. LES RESSEMBLANCES ENTRE ENFANTS ET PARENTS : LA QUESTION DE L'HÉRÉDITÉ

Si l'on tient compte du fait que la découverte de la structure de l'ADN ne date que de 1953 et que les mécanismes moléculaires de l'hérédité n'ont été élucidés que dans la seconde moitié du XXe siècle, il paraît évident que Fernel, au XVIe siècle, ne pouvait avancer, sur la question de l'hérédité, que quelques remarques générales très peu éclairantes.

Le physiologiste de la Renaissance note d'abord que les grandes obscurités qui entourent les phénomènes héréditaires ont entraîné une grande divergence d'opinions parmi les savants de l'Antiquité. Il décide donc de « laisser à part l'opinion d'Aristote sur toutes ces choses » et il avance au chapitre XII du Livre VII de *La Physiologie* ses propres idées.

Il affirme qu'il y a trois sortes de ressemblances entre les géniteurs et leurs descendants :

– la ressemblance concernant l'espèce ;
– la ressemblance concernant le sexe ;
– la ressemblance concernant « la forme, l'image ou l'effigie ».

La ressemblance concernant l'espèce « provient surtout de la matière sujette » (p. 759), c'est-à-dire des substances présentes dans les deux semences mâle et femelle, mêlées et confondues dans l'accouplement :

> Car comme le mâle ne donne rien autre chose que la semence, il s'en suit que la semence même est la matière sujette du fœtus. Autrement le fœtus ressemblerait du tout à la mère, et aurait toute sa forme et son effigie, ce qui est manifestement faux et impertinent. (p. 759)

En cas de mélange de semences provenant de deux espèces différentes, le fœtus hybride ressemble toujours plus à la femelle qu'au mâle, parce que la femelle donne à ce fœtus plus de matières que le mâle. On peut en conclure que le sang de la mère qui arrive au fœtus à travers les « cotylédons » (c'est-à-dire, en terminologie moderne, le placenta) fait partie de la « matière sujette » (de l'embryon). Fernel cite un certain nombre d'hybridations interspécifiques pour illustrer son propos.

> La ressemblance qui est en l'espèce provient surtout de la matière sujette. De là vient que ce qui est engendré du mélange des animaux de divers genres, approche de plus près à l'espèce de la femelle que [de celle] du mâle. Ainsi d'une brebis et d'un bouc, il est engendré une brebis [de même espèce que la mère] avec des poils durs et longs [seul caractère apparent donné par l'espèce mâle : bouc]. Au contraire d'une chèvre et d'un bélier, il en est fait une chèvre ayant des poils plus mols [seul caractère apparent donné par l'espèce mâle : bélier]. Et la même proportion sera gardée si une chienne et un renard, ou un âne et une cavale [jument], s'accouplent ensemble. Lequel événement est un signe que la femelle fournit une bien plus grande abondance de matières que le mâle. (p. 758-759)

Il nous paraît important de souligner que ces observations, rapportées par Fernel, sur les hybridations interspécifiques, s'apparentent quelque peu aux croisements réalisés deux ou trois siècles plus tard par les premiers généticiens.

La ressemblance entre géniteurs et descendants concernant le sexe dépend d'abord, pour Fernel de la température du mélange des semences.

En après, le sexe provient de la température et de la modération des agents et des principales qualités qui sont dedans les semences. Car si les semences du père et de la mère excellent beaucoup en chaleur et en sécheresse, il sera engendré un mâle ; au contraire, si le froid et l'humide prédominent et surabondent, une femelle. La différence du sexe est considérée non seulement des parties honteuses, mais aussi presque de tout le reste du corps, de la barbe, de la grandeur et étendue des parties [organes] et de la voix. Donc des parents forts, robustes et chauds, s'ils s'exercent avec une certaine modération en l'action vénérienne, il est presque toujours engendré un mâle et de plus de la semence du testicule droit. Les garçons sont situés dans la matrice au côté droit et les filles au côté gauche. (p. 759-760)

Ces quelques lignes montrent que Fernel ne comprend pas l'hérédité du sexe et qu'il reprend simplement à son compte les rumeurs populaires courant sur ce sujet, à son époque. On sait que la question de l'hérédité du sexe ne sera résolue qu'au XXe siècle, après la découverte des chromosomes sexuels par Thomas Morgan[41], en 1910.

Le troisième type de ressemblance entre parents et enfants, repéré par Fernel, est *la ressemblance concernant la forme, l'image ou l'effigie*, soit la ressemblance dans les traits du visage, la corpulence, la silhouette. De façon assez curieuse, Fernel indique, comme seule cause de cette ressemblance, « la forte appréhension et la ferme imagination de la mère » (p. 761).

Pour parler en vérité, je me persuade du tout que la vertu et la faculté formatrice de la forme est conduite par l'imagination, et qu'elle est gouvernée par elle seule. Et c'est tout ce qu'il y a à dire des causes des ressemblances, dans lesquelles je ne désire point comprendre ni les affections vicieuses, ni monstrueuses qui sont outre nature. (p. 763)

À l'appui de cette thèse bien curieuse, Fernel donne plusieurs exemples. La seule vue d'un Éthiopien noir au cours de sa grossesse pourrait faire qu'une femme blanche donne naissance à un enfant noir. Cette histoire est rapportée par Pline l'Ancien dans son *Histoire Naturelle* datant du premier siècle de notre ère ; Fernel a eu bien tort de faire confiance à cet auteur. Autre exemple donné par Fernel : si une femme enceinte a une forte aversion pour la cerise ou la fraise, et si on lui offre l'un de ces fruits pendant sa gestation, l'enfant qui naîtra

---

41. Voir Paul Mazlaik, *La biologie du XXe siècle*, éd. cit.

de son ventre portera sur son corps une tache rose en forme de cerise ou de fraise. De même, c'est encore l'imagination de la mère qui peut expliquer qu'un enfant naisse avec une forte ressemblance à un aïeul.

Ces raisons sont parfaitement imaginaires et fantaisistes. En résumé, Fernel n'a qu'une idée scientifiquement établie sur les causes de l'hérédité : ce sont bien les « semences » des géniteurs mâle et femelle qui déterminent l'espèce du fœtus. Ce descendant appartiendra à la même espèce que ses parents s'il n'y a pas eu d'hybridation.

S'agissant de l'espèce humaine, une autre remarque de Fernel présente un certain intérêt génétique : « L'on rapporte, écrit-il, la masse du corps [du fœtus] à la bonté et à l'abondance de la nourriture et du sang maternel, l'étendue des parties solides à l'abondance de la semence paternelle. » (p. 764) Ceci explique, nous dit Fernel, que la même femme engendre un petit homme d'un père lui-même petit et un grand homme lorsque le père est lui-même grand. En revanche, il est très rare qu'un même homme engendre de plusieurs femmes des enfants de différentes grandeurs.

Fernel avait enfin remarqué que des vrais jumeaux de même sexe sont enveloppés par la même « membrane secondine » (chorion) ; des faux jumeaux de sexes différents sont enveloppés par deux « secondines » distinctes. Donc il peut se former exceptionnellement, dans l'espèce humaine, plusieurs fœtus d'un même accouplement; le fait est beaucoup moins rare chez les animaux (les chiennes, par exemple).

IX. L'INTRODUCTION DES FACULTÉS DE L'ÂME DANS LE FŒTUS

Fernel introduit le dernier chapitre (xiii) du Livre VII de *La Physiologie* en annonçant qu'il va déterminer dans quel ordre les facultés de l'âme humaine pénètrent dans le fœtus.

> Après avoir expliqué toute la génération du fœtus, il est à propos qu'en dernier lieu nous traitions des vertus et facultés de l'âme et de leur naissance, quelle qu'elle soit. Il faut répéter les choses que nous avons montrées être dans la semence, savoir qu'elle est féconde, qu'elle contient dedans soi l'âme, tant naturelle que sensitive, et ce en puissance et non pas en effet et en acte […]. Car elle est douée d'une chaleur divine et céleste, qui n'est pas dans les éléments mais dans un certain esprit aérien et divin. Car cet esprit est le siège et le véhicule et le premier instrument d'agir de l'âme sensitive et il est profondément plongé dedans tout le corps de la semence et lui donne la fécondité. (p. 765)

Et plus loin il ajoute que « ces parties de l'âme [qui sont dans la semence] n'ont pas été produites de la crasse et épaisse matière de la semence, mais de la chaleur et de l'esprit céleste et divin » (p. 770).

Dans ce dernier chapitre, Fernel se rapproche beaucoup des conceptions d'Aristote puisqu'il déclare que « l'esprit céleste et divin » présent dans le fœtus est apporté par la semence mâle ; or c'est cet « esprit » qui donne la fécondité et toutes les facultés au mélange des semences mâle et femelle. La seule différence existant entre les conceptions de Fernel et celles d'Aristote se résume donc à ceci : pour Aristote, la femelle n'apporte au fœtus que du sang pour le nourrir et le faire grandir (pour le philosophe de l'Antiquité, le sang de la femelle joue le même rôle que le jaune de l'œuf dont se nourrit l'embryon de poulet) ; pour Fernel, la femelle mélange sa semence avec la semence mâle, ce qui fait qu'elle contribue à l'édification du fœtus. Mais la semence mâle est de loin la plus importante puisqu'elle apporte « l'esprit céleste et divin » donnant toutes les vertus et facultés du fœtus.

> C'est pourquoi, comme dans tout le genre de l'animal, le mâle donne la principale substance de la semence, de même aussi certainement il donne dès à l'instant et dès le premier commencement la vertu de l'âme ensemble avec l'esprit. (p. 766)

« L'esprit céleste et divin » apporté par le mâle dans le mélange des semences, après l'accouplement, donne d'abord la fécondité au mélange. « La faculté formatrice se lève » (p. 766), après l'accouplement, et elle demeure dans le fœtus tant que celui-ci grandit et se développe. Certains prétendent que cette faculté formatrice disparaît une fois le fœtus parfaitement achevé ; Fernel n'est pas de cet avis et il attribue à la faculté formatrice persistant dans l'enfant et le jeune adulte l'apparition des dents.

Après la fécondité et la faculté formatrice, l'esprit céleste et divin donne donc « en puissance » au fœtus l'âme sensitive qui ne se manifeste qu'après un certain temps, avec par exemple la faculté motrice, lorsque le fœtus se met à bouger dans le ventre de la mère.

> Il en est de même de la faculté sensitive, laquelle étant réintégrée dans le fœtus, est cependant au repos, oisive et assoupie jusqu'à ce que le fœtus soit rendu et fait plus parfait. Et puis en après elle se produit et elle se met à l'ouvrage, et fait paraître les actions et les fonctions, et après celles-ci vient la faculté motive. (p. 767)

Après c'est la « faculté nutritive » qui se révèle dans le fœtus, lorsque celui-ci commence à se nourrir. Cette faculté nutritive, apportée par l'esprit présent dans la semence mâle, rajeunit dans le fœtus pour devenir perpétuelle.

> La faculté nutritive perpétuelle suit en après, qui ne laisse [quitte] jamais l'animal vivant. Cette faculté découlant du père, ne périt pas dans le fœtus, comme l'a pensé Avicenne, afin qu'incontinent il en soit mis une autre plus forte et plus vigoureuse en sa place. Mais comme rajeunissant, elle est faite perpétuelle, tout de même que celle qui est dedans les semences des plantes. (p. 767)

En dernier lieu, et uniquement dans l'espèce humaine (pas du tout chez les animaux), c'est l'âme rationnelle qui pénètre dans le fœtus, au quatrième mois de la grossesse affirme Fernel, sans donner la moindre justification. Il précise néanmoins qu'à ce stade, le fœtus humain est déjà bien développé et bien conformé ; il est alors apte à recevoir l'âme rationnelle, qui est un don direct de Dieu, souverain auteur de toutes choses.

> Enfin, cette principale partie de l'âme, qui est appelée esprit, et qui excelle en la dignité de raison, vu qu'elle est séparable du corps, elle n'est aucunement contenue en la matière par puissance, de laquelle elle puisse enfin sortir avec le cours du temps. [...] Étant premièrement créée par le souverain Auteur de toutes choses, elle passe et vient en un moment de temps dans tout le corps préparé et formé de l'enfant. Et l'on tient que cela se fait au quatrième mois, auquel temps le cœur et le cerveau sont déjà parfaits et accomplis. (p. 767-768)

Dans le processus de reproduction de l'homme, souligne Fernel, il se forme donc d'abord un animal (avec les âmes sensitive et naturelle), puis un homme, avec l'âme raisonnable.

La conclusion du Livre VII de *La Physiologie* montre un Fernel bien sûr de lui, laissant de côté les difficultés ou les incertitudes qu'il a pu rencontrer dans son étude de la reproduction de l'homme.

> Il me semble maintenant, écrit-il, avoir, dans ces choses, compris et expliqué toute l'origine et la naissance de l'homme, et partant donc, toute la Physiologie, qui contient la constitution et la nature de l'homme cependant qu'il est en bonne santé. (p. 773)

Comme Fernel s'adresse à des médecins, il se propose de passer maintenant à l'étude du dérèglement des fonctions physiologiques au cours des diverses maladies étudiées dans la suite de son grand ouvrage, *Universa Medicina* (*Toute la médecine*) (figure 15).

Figure 15. Page de titre de l'ouvrage *Universa Medicina* de Jean Fernel, réédité aux Pays-Bas en 1656.

Conclusion

L'état de la physiologie au XVIe siècle

Le très grand succès rencontré par *La Physiologie* de Jean Fernel à l'époque de sa publication (1554), la traduction de l'ouvrage du latin au français en 1655, pour une plus grande diffusion dans tous les cercles éduqués de la société, les très nombreuses éditions et traductions du traité, dans toute l'Europe (figure 15), tout au long des XVIe et XVIIe siècles, tout cela permet de considérer qu'il s'agit de la meilleure mise au point des connaissances physiologiques jugées comme acquises au début de la Renaissance. La lecture de l'ouvrage de Jean Fernel permet ainsi au lecteur du XXIe siècle de mesurer la très grande distance restant à franchir, à partir du XVIe siècle, pour arriver à l'état de la science physiologique moderne.

Il faut cependant reconnaître que Fernel a fait d'entrée de jeu, pour la rédaction de son traité de physiologie, un premier choix très positif : il y affirme un fort parti pris rationaliste, ce qui écarte de son texte toutes les références astrologiques ou magiques, si fréquentes encore dans les écrits de la Renaissance. Il déclare ainsi fièrement dans son livre : « La raison est la lumière de l'esprit. » Ceci ne veut pas dire, néanmoins, que l'auteur ne considère pas du tout, pour l'explication de certains phénomènes biologiques, des « causes occultes », irréductibles à la simple logique. Reprenant les idées développées dans son traité de 1548, *De abditis rerum causis* (*Sur les causes cachées des choses*), il évoque à plusieurs reprises, dans son ouvrage, des influences divines ou l'action du « Créateur de toutes choses » pour rendre compte de l'activité des esprits ou pour exposer la reproduction de l'homme.

Une grande partie de *La Physiologie* – sans doute même l'essentiel de l'ouvrage – est empruntée aux conceptions des anciens auteurs grecs : Hippocrate, Aristote et surtout Galien. On peut donc dire que le traité de Fernel constitue un très clair exposé de la physiologie galénique, telle qu'elle pouvait être connue à la Renaissance. À cet exposé, l'auteur ajoute quelques emprunts aux œuvres de divers philosophes anciens, notamment Platon. Cependant Fernel ne s'est pas limité, dans *La Physiologie*, à ces imitations ou commentaires des Anciens. Il a aussi introduit dans son ouvrage un certain nombre de considérations plus modernes : essentiellement des notions de « chimie » empruntées aux travaux des alchimistes, ce qui lui permet de disserter assez longuement sur les éléments, les esprits, les substances, les humeurs ou les fluides. Tout aussi moderne est la grande attention portée par l'auteur aux observations anatomiques, après dissection de cadavres humains. Ces innovations modernistes conduiront par la suite Fernel, dans les parties purement médicales de son encyclopédie (*Universa Medicina* où *La Physiologie* est incluse), à tenter de suivre le déroulement des maladies en décrivant les altérations morbides de chacun des organes du corps humain.

I. L'ANATOMIE ET LES FONCTIONS DES ORGANES

S'adressant aux étudiants en médecine et aux médecins en exercice, Fernel déclare que pour bien exercer l'art médical il faut avoir une très bonne connaissance de l'anatomie du corps humain. Cette anatomie, fait-il comprendre, ne s'apprend pas seulement en lisant les traités de Galien, comme c'était l'usage dans les facultés de médecine. Le commentaire des œuvres du savant grec ne suffit pas, même si plusieurs de ses ouvrages sont consacrés à l'anatomie, *De l'utilité des parties du corps humain* ou *Sur les procédures anatomiques*, par exemple. Les étudiants et les médecins doivent découvrir l'anatomie en suivant des dissections. Et Fernel donne lui-même l'exemple en présentant à la fin du premier livre de *La Physiologie* (consacré à l'anatomie) un long chapitre équivalent à un véritable traité de dissection des cadavres humains.

Nous avons déjà souligné le défaut majeur de « la description du corps humain » rédigée par Fernel : aucune illustration ne l'accompagne. Dès lors la compréhension du texte de Fernel n'est pas toujours aisée et il est certain que les étudiants et médecins de la Renaissance eurent bien plus de facilité, pour apprendre l'anatomie, à lire le chef-d'œuvre magnifiquement illustré de Vésale, *De Humani Corporis Fabrica*, datant de 1543, c'est-à-dire de la même époque que *La Physiologie*.

Malgré ce défaut, l'anatomie de l'organisme humain présentée par Fernel offre le très grand intérêt de n'avancer aucune description d'organe ou de tissu sans que ne soit en même temps précisée la fonction physiologique remplie par cet organe ou ce tissu. Ainsi l'auteur décrit une fonction pour chaque nerf, chaque muscle, chaque vaisseau sanguin, chaque viscère, en même temps qu'il le présente. Cette anatomie liée aux fonctions du corps humain, exposée dans le premier livre du traité de Fernel, nous plonge effectivement en pleine physiologie.

II. LES GRANDS TRAITS DE LA PHYSIOLOGIE HUMAINE, SELON JEAN FERNEL

L'auteur n'innove pas beaucoup par rapport à Galien ; dès le premier livre de son ouvrage, on saisit rapidement que la physiologie de Fernel est encore une physiologie essentiellement galénique. Il reprend dans son traité les principales caractéristiques de la physiologie du savant grec.

Le foie est l'organe élaborateur du sang nourricier, qui est ensuite distribué à tous les organes corporels par le réseau de vaisseaux sanguins issus de la veine Cave (grave erreur due à Galien).

Le cœur est le lieu de transformation du sang dans le ventricule gauche, grâce à l'air venu des poumons. C'est là que s'élabore « l'esprit vital », distribué ensuite à tous les organes par les artères. Dans tous les organes, l'esprit vital se transforme en « esprit naturel », support de la chaleur naturelle inséparable de la vie.

Le cerveau est le lieu de transformation de l'esprit vital en « esprit animal », support des sensations données par les organes des sens et remontant au cerveau par les nerfs sensitifs ; l'esprit animal est aussi responsable des mouvements volontaires, provoqués par les esprits voyageant dans les nerfs moteurs, du cerveau vers les muscles en passant par la moelle épinière.

Les vaisseaux sanguins irriguent tout le corps : les veines à partir du foie, les artères à partir du cœur. Galien et tous les médecins qui l'ont suivi jusqu'au XVIIe siècle (et la découverte de la circulation du sang par William Harvey) avaient imaginé une circulation centrifuge dans les veines qui distribuaient le sang nourricier à tous les organes au lieu de ramener le sang des organes vers le cœur (comme on le sait aujourd'hui).

Cette physiologie galénique, largement démentie par la science moderne, imprégnait encore l'anatomie de Vésale ou la physiologie cartésienne du XVIIe siècle.

III. INTRODUCTION DE QUELQUES NOTIONS NOUVELLES

Les sections de *La Physiologie* consacrées aux éléments, aux esprits, aux tempéraments et aux facultés des organes présentent un grand intérêt. Fernel s'est en effet efforcé, et il est le premier à le faire au XVIe siècle, de donner des définitions rigoureuses de tous ces termes couramment employés par les alchimistes et les médecins de la Renaissance.

Fernel écrit que l'élément est un corps simple, « le dernier et le plus petit de la division » d'une substance homogène. Il reprend les quatre éléments fondamentaux d'Empédocle : le feu, chaud et sec, l'air, chaud et humide, la terre, froide et sèche et l'eau, froide et humide. Les organes des êtres vivants contiennent des corps composés nés de la combinaison des éléments ; ces composés prennent des qualités nouvelles provenant de leur composition en différents éléments. Ces qualités nouvelles forment le « tempérament » d'un organe formé de corps composés. Le tempérament global du corps humain est la résultante du mélange des tempéraments des différents organes.

On ne peut assimiler le « tempérament » décrit par Fernel à la simple température des organes ou à la température du corps, même si l'auteur souligne que tout corps vivant est chaud, qu'il a une « chaleur naturelle » et qu'il se refroidit après la mort. Pour bien envisager le tempérament, selon Fernel, il faut ajouter à la température les autres qualités des éléments : humidité ou sécheresse. Ainsi les jeunes ont un tempérament global chaud et humide ; les vieux, un tempérament global sec et froid. En physiologie moderne, il ne subsiste pratiquement rien de la notion de « tempérament » telle que Fernel la définit. Cependant l'ouvrage de Fernel permet de se rendre compte de la grande importance accordée par les médecins de la Renaissance à la notion bien vague de tempérament. Il faut noter que Fernel ne retient pas les tempéraments définis par Hippocrate d'après les humeurs majoritaires dans le corps : bilieux, mélancolique, sanguin ou flegmatique. La définition des « tempéraments » donnée par Fernel à partir des éléments constitutifs du corps marque donc un certain détachement du physiologiste de la Renaissance vis-à-vis de la « théorie des humeurs » qui dominait totalement la médecine de l'Antiquité.

Fernel définit un « esprit » comme « une matière très subtile, très prompte, très légère et très aérée ». En termes plus modernes, cet esprit peut d'abord être envisagé comme un gaz (dont les molécules seraient bien agitées) ; cependant « l'esprit » considéré par le physiologiste de la Renaissance ne peut se réduire à cette définition physique puisque chaque esprit évoqué dans l'ouvrage est doué de propriétés physiologiques très importantes. *L'esprit naturel*, tel que défini par Fernel, est le support de la chaleur naturelle des organes ou du corps, chaleur interne indissociable de la vie. Bien que Fernel déclare que cet esprit naturel est « une matière toujours enflammée et brûlante ainsi que la flamme céleste », on ne peut faire correspondre cet esprit naturel à aucun fluide reconnu par la biochimie moderne. On retiendra seulement le fait que cette matière « subtile » est « très prompte », ce qui pourrait vouloir dire que les éléments constitutifs de cette matière sont en mouvement constant, comme c'est bien le cas dans les fluides chauds. À l'origine de ce mouvement interne, Fernel place une « cause occulte » : l'esprit naturel est une « matière céleste », déclare-t-il.

Fernel définit deux autres esprits fondamentaux : *l'esprit vital* et *l'esprit animal. L'esprit vital* se formerait dans le ventricule gauche du cœur, quand l'air venu des poumons se mélange au sang nourricier venu du foie. On trouvera difficilement un équivalent de cet esprit vital en physiologie moderne. Peut-être pourrait-on l'assimiler à l'oxygène indispensable à la vie et transporté par le sang artériel… *L'esprit animal* est un fluide encore plus complexe dans la physiologie de Fernel. Il pourrait correspondre, en physiologie moderne, aux influx nerveux de nature électrique, parcourant les nerfs sensitifs ou moteurs. On doit d'ailleurs décomposer cet esprit animal en divers esprits sensoriels (optique, auditif, gustatif, tactile) parcourant les nerfs en allant des organes des sens vers le cerveau. Mais l'esprit animal correspond aussi, dans la physiologie de Fernel, aux influx moteurs déclenchant les mouvements volontaires des muscles. Descartes, un siècle plus tard, reprenant à son compte cette physiologie nerveuse, a fort judicieusement remplacé « l'esprit animal » apparemment unique de Fernel par l'expression plus juste : « les esprits animaux ». Cette très grande importance accordée par Fernel au rôle des esprits en physiologie trouve son origine chez Galien et malgré l'introduction de quelques notions physico-chimiques assez grossières, le traité ne quitte pas, en définitive, le cadre de la physiologie galénique.

Aux éléments, tempéraments, esprits, Fernel ajoute trois « humeurs primaires » baignant les tissus du corps : *l'humide radical, l'humeur aqueuse* et *l'humeur alimentaire*. Si, à la rigueur, on peut assimiler, en termes modernes, l'humeur alimentaire au chyle ou au sang nourricier contenant les produits de la digestion des aliments, les deux autres « humeurs primaires » n'ont pas vraiment d'équivalents en biochimie moderne.

IV. LES ÂMES, LES VERTUS, LES FACULTÉS, L'ESPRIT RATIONNEL

Fernel emprunte aux auteurs anciens (Platon, Aristote, Galien) ce qu'ils ont décrit sous ces intitulés. Comme Platon et Aristote, le physiologiste de la Renaissance reconnaît trois âmes : *nutritive*, *sensitive* et *rationnelle*. Il place la première dans le foie, les deux autres dans le cerveau, se différenciant ainsi d'Aristote. Les âmes sont mal définies dans *La Physiologie* : ce sont des entités d'origine « supraterrestre » ou divine. Comme Platon et Aristote, Fernel considère que l'âme rationnelle, propre à l'homme exclusivement, est un don divin.

Fernel divise *l'âme sensitive* en plusieurs compartiments mal localisés dans le cerveau : le *sens commun* où les sensations fournies par les organes des sens se transforment en perceptions conscientes, le compartiment de *mémorisation* et celui de la *fantaisie* ou *imagination* permettant la recombinaison des souvenirs.

Seule *l'âme rationnelle* donne à l'homme le pouvoir d'élaborer un discours logique.

Pour la biologie de la reproduction, Fernel adopte les vues d'Aristote, leur ajoutant seulement une semence féminine beaucoup moins active que la semence masculine mais contribuant tout de même à l'édification de l'embryon.

En reprenant dans son traité le vocabulaire de Galien sur les facultés naturelles ou les vertus des différents organes, Fernel commet la même erreur fondamentale que le médecin de l'Antiquité : en nommant la propriété physiologique d'un organe (la « faculté coctrice » du foie, telle faculté sensorielle d'un organe des sens) il pense expliquer un phénomène biologique alors qu'en vérité il n'en fournit aucune explication scientifique vérifiable.

En définitive, *La Physiologie* de Fernel représente le socle incertain à partir duquel devra s'édifier, dès le XVIIe siècle, la science physiologique moderne.

Bibliographie

Principales œuvres de Jean Fernel d'Amiens (Joannis Fernelii ambiani) publiées en latin[42]

Monalosphaerium partibus constans quatuor, Paris, Simon de Colines, 1526, 42 folios.

Cosmotheoria libros duos complexa, Paris, Simon de Colines, 1527, 52 folios.

De Naturali Parte Medicinae Libri Septem, Paris, Simon de Colines, 1542, 178 folios.

De Vacuandi ratione liber, Paris, Christian Wechel, 1545, 141 p.

De abditis rerum causis (désigné par Fernel sous le titre abrégé de *Dialogi*), Paris, Christian Wechel, 1548, 255 p.

Medicina, Paris, Andreas Wechel, 1554, sans pagination disponible, contient *Physiologiae libri VII, Pathologhiae libri VII, Therapeutice libri III.* (Une réédition latine de 1556, due aux éditeurs Jean et Otho Heurnius de Leyde, a été numérisée par Google Book.)

Universa Medicina, Paris, Andreas Wechel, 1567, sans pagination disponible, contient Physiologia (libri VII), Pathologia (libri VII), De abditis rerum causis (Libri II).

Febrium Curandum Methodus Generalis, Francfort, Andreas Wechel, 1577, 94 p.

Consiliorum Medicinalium Liber, Paris, Aegidius Beys, 1582, 144 p.

Bibliographie générale

Alderotti Taddeo, *Commentaire du Canon de la Médecine*, IV, 2, manuscrit cité par Joël Chandelier in « Prédire la durée des maladies dans la médecine médiévale : le cas des maladies chroniques », Séminaire ENS, 19 mai 2014.

Boas Hall M., *The scientific Renaissance 1450-1630*, New York, Dover Publications, 1994, 376 p.

Boudet Jean-Patrice, *Le recueil des plus célèbres astrologues de Simon de Pharès*, réédition, Paris, Librairie Honoré Champion, 1999, 494 p.

Fernel Jean, *Les sept livres de la Physiologie*, composés en latin, traduction française de Charles de Saint-Germain, Paris, Jean Guignard le jeune, 1655, 768 p. Édition numérisée par Google Book. Réédition in *Corpus des œuvres de philosophie en langue française*, Paris, Fayard, 2001, 672 p.

— *The Physiologia of Jean Fernel*, traduction anglaise de John M. Forrester, Philadelphia, American Philosophical Society, 2003, 636 p.

42. Liste établie d'après Charles S. Sherrington, 1946.

— *On the hidden causes of things*, traduction anglaise de *De abditis rerum causis* par John M. Forrester, Boston, Brill, Leiden, 2005, 779 p.

Galien Claude, *Des Facultés Naturelles*, X, in *Œuvres médicales choisies*, tome II, Paris, Gallimard, 1994, 334 p.

Hippocrate, *Œuvres*, Paris, Les Belles Lettres, 1967, 10 vol.

— *De la maladie sacrée*, in *Connaître, Soigner, Aimer*, Présentation de Jean Salem, Paris, Le Seuil, 1999, 233 p.

Mazliak Paul, *Les fondements de la biologie. Le XIXe siècle de Darwin, Claude Bernard et Pasteur*, Paris, Vuibert/Adapt, 2002, 343 p.

— *La naissance de la biologie dans les civilisations de l'Antiquité*, Paris, Vuibert/Adapt, 2007, 383 p.

— *William Harvey, la circulation du sang et l'épigenèse des embryons. Les prémisses de la méthode expérimentale*, Paris, Hermann/Adapt, 2013, 206 p.

Moulinier-Brogi Laurence, *Guillaume l'Anglais, le frondeur de l'urologie médiévale (XIIIe siècle)*, édition commentée et traduction de *De urina non visa*, Genève, Droz, 2011, 290 p.

Roger Jacques, *Jean Fernel et les problèmes de la médecine de la Renaissance*, Conférence du Palais de la Découverte, 7 mai 1960.

Saint Augustin, *De divinatione daemonum*, tome X, in *Œuvres complètes de Saint Augustin*, Paris, J.-P. Migne éditeur, 1869-1878, 34 vol.

Sherrington Charles S., *The endeavour of Jean Fernel*, Cambridge, Cambridge University Press, 1946, 223 p.

Vésale André, *De Humani Corporis Fabrica Libri Septem*, Jean Oporin, Bâle, 1543. Le texte de cette édition latine est numérisé sur le site Medic@ de la BIUM de l'université Paris-Descartes.

Wear A., French R. K., Leonie I.M. (éd.), *The Medical Renaissance of the Sixteenth Century*, Cambridge, Cambridge University Press, 1985, 349 p.

Webster Charles, *From Paracelsus to Newton. Magic and the making of modern Science*, Cambridge, Cambridge University Press, 1982, 107 p.

Zweig Stephan, *Érasme. Grandeur et décadence d'une idée*, Paris, Grasset, 1935, 189 p.

Table des matières

Dans la collection Histoire des Sciences/Adapt

Descolonges Michèle, *Des travailleurs à protéger. L'action collective au sein de la sous-traitance*, 2011.

Dupont Jean-Claude, *L'Invention du médicament. Une histoire des théories du remède*, 2013.

Maitte Bernard, *Histoire des cristaux*, Préface d'Étienne Gayon, 2014.

Mazliak Paul, *François Magendie, bouillant créateur de la physiologie expérimentale au XIXe siècle*, 2012.

Mazliak Paul, *William Harvey, la circulation du sang et l'épigenèse des embryons. Les prémisses de la méthode expérimentale*, 2013.

Perbal Florence, *Une brève histoire de la génétique humaine*, 2014.

Pigeard-Micault Natalie, *Charles-Adolphe Wurtz. Un savant dans la tourmente. Entre bouleversements politiques et revendications féministes*, Préface de Bernadette Bensaude-Vincent, 2011.

Mise en pages : Élisabeth Gutton

Achevé d'imprimer

Printed in Dunstable, United Kingdom

91218889R00094